◇刊行のことば◇

二一世紀の世界農業は、我々農業ジャーナリストに、ますます重大な使命を担わせている。それは国の内外にわたる農業や食料に関する正しい情報が、今日ほど痛切に求められているときはないからである。

農政ジャーナリストの会は、一九五六年に創立されて以来、一貫して農業に関する正確な事実認識と公正な情報伝達のために、新聞、放送、雑誌など各分野に働く農業ジャーナリストの力を結集することに努めてきた。本会の機関誌『日本農業の動き』は、このような我々の努力の一端を、日本農業の現在並びに将来について関心をもつ、すべての人々に知っていただくために刊行されているものである。

我々は、本誌が会内外の強い支援に支えられて発展し、我が国農業の進歩に少しでも役立てば幸いであると思っている。

農政ジャーナリストの会

■ 日本農業の動き ■　No.202

動物たちの命と向き合う 獣医師の現在

農政ジャーナリストの会

目次

農業気象台

○…昔、経済学の入門書でリカードの「比較優位論」を学んだ時は、ちょっと感動した。

おさらいすると、リカードは英国とポルトガルを例にとって、自由貿易の利点を論じた。毛織物とワインをそれぞれ自国で生産した場合と、英国が毛織物、ポルトガルがワインに特化して貿易で交換した場合を比較すると、後者の方が効率的で、双方にメリットがある（ウィンウィンになる）という理論だ。

ポイントは、単純な生産性（労働者1人当たりの生産量）では毛織物もワインもポルトガルが優位という前提にある。普通に考えれば、どちらもポルトガルが英国に輸出し「一人勝ち」になりそうに思える。しかし、リカードは絶対的な優位より相対的な優位（比較優位）が重要だと説いた。

つまり、ポルトガルでは毛織物よりワインの方が相対的に効率よく生産され、英国ではその逆だった場合、それぞれの比較優位分野（ポルトガルはワイン、英国は毛織物）に専念して補い合うのが最適な選択というわけだ。

○…この定理は簡単な四則演算で証明できる。そのシンプルさが感動的なのだが、同時にキツネにつままれたような感じもした。本当にストンときたのは、現代の経済学者サミュエルソンによるたとえ話を読んだ時である。

サミュエルソンは「ポルトガルと英国」の代わりに「弁護士と秘書」を例に弁護士はすべての分野で秘書より優秀で、弁護士活動はもちろんだがタイプライターも秘書より上手に打てる、とする。

それでも弁護士にとって合理的な選択は「すべてを自分でやる」ことではなく「タイピングは秘書に任せ、自分は弁護士活動に専念する」ことだ。弁護士をポルトガル、秘書を英国、弁護活動をワイン、タイピングを毛織物に置き換えれば、比較優位論の「正しさ」が感覚的にも理解できる。

○…弁護士と秘書の例からもわかるように、これは「分業」の理論であり、国家間だけでなく個人間、地域間、企業間などにもあてはまる。ただ、普通は自由貿易の利点を説明する時に使われる。TPP（環太平洋経済連携協定）を巡る議論でも、推進論者の多くがこの論法を使った。

リカードの意図は「輸出を増やし、輸入は最小限に」という重商主義への批判だったのだから、それも当然だ。しかし、現実の歴史では、多くの国が重商主義的な政策を採用してきた。
○…第二次世界大戦が起きた背景の一つは経済の「ブロック化」だった。その反省から、戦後の世界は「関税及び貿易に関する一般協定」（ＧＡＴＴ）を基軸とする自由貿易体制を追求し、95年のＷＴＯ（世界貿易機関）創設に結実したことになっている。
しかし、そのコンセンサスを当の米国が壊し始めた。最前線が米中の貿易戦争だ。トランプ政権は中国製品に対する関税を次々と引き上げ、中国も一歩も引かずに対抗措置を取っている。米国は日本にも二国間の貿易協定を迫り、ＴＰＰ離脱による出遅れをばん回しようとしている。
○…「あの自由貿易の旗振り役だった米国が」との嘆きも聞かれるが「米国は本当に自由貿易の推進者だったのか」という疑問もある。日本に対しては半世紀前から繊維、自動車、保険、半導体等々で一方的な要求を突き付け、時には露骨な「輸出自粛」や「数値目標」を飲ませてきた。
○…貿易自由化の集大成だったはずのＷＴＯ協定も、実態は国家間の力関係を背景とした「管理貿易」だった。だとしたら、いま起きているのは自由貿易体制の崩壊というより「自由貿易という建前の放棄」でしかない。
とはいえ、その建前がむき出しの国家エゴに対するブレーキ役を果たしてきたことも事実だ。そのブレーキが外れた今、世界はどこに向かうのか。
○…この理論は「産業構造の転換に要するコストが無視できるほど小さい」「完全雇用が達成されている」など多くの条件がないと現実には成立しないとされる。また、国内産業が特定分野に偏ることで生じる外部不経済（環境破壊や地域社会の衰退、コミュニティーの解体など）も無視できない。結局、自由貿易も「ほどほど」がいいようだ。
○…人間は自分自身が生み出した「経済」という怪物に振り回され、理性を失っているのではないか。ポーカーゲームなら「ハッタリ」も戦術だが、気が付いたら破滅していた――などということにはなりたくない。（弥）

農業気象台

「獣医不足」論の根底にある偏在の解消を

〜宮崎・口蹄疫禍の教訓から考える

会員　行友　弥

二〇一七年七〜九月期の研究会テーマに「獣医」を巡る問題を取り上げたいと思った直接のきっかけは、加計学園の獣医学部新設を巡る政権スキャンダルだったが、実は一〇年に宮崎県で猛威を振るった家畜伝染病「口蹄疫」のことが念頭にあった。

その頃は毎日新聞経済部の編集委員（実態は一線記者）として農林水産省の記者クラブ（農政クラブ）に所属していた。宮崎の現地で取材する機会には残念ながら恵まれなかったが、社会部の担当記者と手分けして一連の取材と紙面展開に当たった。

約三〇万頭の牛や豚が殺処分されるに至った口蹄疫は、宮崎県だけの問題ではなかった。同県は肉用子牛の一大産地である。一〇年二月時点における「子取り用雌牛」の飼養頭数は約一九万頭、一八年二月現在は約二四万頭で、いずれも全国三位。その産地が崩壊すれば、全国各地の和牛肥育農家も深刻な打撃を受ける。

防疫上の観点からも多くの課題が明らかになった。家畜の死体を埋却する場所の確保が追い付かず殺処分が遅れた。そして、殺処分の遅れが更なる感染拡大を許すという悪循環に陥った。大規模化した現代の畜産に対応できない家畜伝染病予防法（一九五一年制定）の不備が指摘され、翌年の抜本改正につながった。

他にもさまざまな問題があった。感染した種雄牛の移動と処分を巡る農水省と県の対立、初の「リングワクチネーション」（感染拡大を食い止めるため発生地を取り囲むエリアで未感染の家畜にワクチンを投与し、その上で殺処分）の実施など、異例の事態が続いた。

同時に浮き彫りになったのが「獣医師不足」である。農水省が設けた口蹄疫対策検証委員会の報告書（一〇年一一月二四日付）では、初動対応が遅れた要因として家畜防疫員（都道府県の家畜保健衛生所＝家保＝に勤務する公務員獣医）の少なさが挙げられた。

当時、県内三カ所の家保にいた家畜防疫員は四七人。一人当たりの家畜頭数は全国平均の三・六倍に当たる一万五三四二頭（牛換算）、農家戸数も二四六戸で全国平均の四・七倍に上っていた。

その背景に報告書は踏み込んでいないが、宮崎県では飼養頭数の増加に合わせて人員を追加配置するどころか、逆に削減してきた経緯がある。生産者の大規模化・法人化に伴い、家畜の保健衛生が「民間任せ」になってきた面もあったようだ。報告書では、県と市町村、獣医師会、生産者団体の間での連携不足が指摘された。

畜産の大規模化に逆行する防疫体制の縮小

農政ジャーナリストの会は一〇年七～九月期のテーマを「口蹄疫この一年、畜産再建と危機管理」とし、村上洋介・帝京科学大教授、羽田正治・JA宮崎経済連会長、篠原孝・農林水産副大臣、山根義久・日本獣医師会会長（肩書はいずれも当時）を講師に招いて研究会を開き、これらの問題点を検証した（詳細は「日本農業の動き」174号参照）。

九月三〇日の研究会で、山根氏は「宮崎県は十数カ所あった家畜保健所が、最近になってからどんどん減らされて三カ所になっています」。「（理由は）合理化でしょう。宮崎県はどんどん削減一方でやっていたのですね。その結果がこういうことになってしまいました。ですから家畜保健所の先生が、どこの地区に何軒畜産農家があって、何頭を飼っているかさえ把握出来ていない。これで本当に畜産行政ができますか」と述べている。

予防や感染把握が後手に回っただけではない。家畜の殺処分をおこなう獣医も足りなかった。県外から延べ二万五〇〇〇人の獣医が応援に派遣されたが、大型の産業動物を扱った経験の乏しい人も大勢含まれていた。薬剤を注射すべき血管をなかなか見つけられず、牛に蹴られて怪我をするなどのケースもあったという。

本来は動物の命を守る仕事なのに家畜を大量に殺さなければならない矛盾は、多くの獣医にとって心理的な負担となった。手塩にかけた家畜を殺処分にされる畜産農家の悲痛な叫びも獣医を苦しめた。一〇年六月二八日付の地元紙「宮崎日日新聞」には、殺処分を担当した獣医のこんな言葉が記されている。

「（ワクチンを接種した）健康な牛まで殺すのは忍びない」、「泣き崩れる農家を横目に殺処分する気持ちが分かりますか。獣医師である前に私だって人間なんです」

上記研究会で山根氏は「獣医師会としてしなければいけないのは（中略）心のケアですね。ボランティアで現場に行った方がかなりショックを受けられている」とも語っている。

畜産の大規模化・グローバル化を背景に増大する感染症リスクに備えるには、質・量ともに家畜の保健衛生を強化し、獣医の適正な配置と働きやすい環境を整えることが急務になっていることは、以上の経験からも明らかだ。

宮崎の口蹄疫は一〇年八月二七日に「終息宣言」が出され、翌一一年二月には国際獣疫事務局（OIE）が日本を口蹄疫の清浄国として認定した。しかし、その後も家畜伝染病の流行は後を絶たず、鳥インフルエンザ、豚流行性下痢、豚コレラなどが波状攻撃のように畜産・酪農の現場を襲っている。生産者の高齢化や後継者不足が深刻化するなか、それらが廃業・離農の流れを加速している面も否めない。食料安全保障上も家畜の防疫体制充実は喫緊の課題だろう。

国内では一八年九月、二六年ぶりに豚コレラが発生した。一二月二五日現在、岐阜県内の六カ所で感染が確認され、六カ所目の養豚場では自衛隊が出動して八〇〇〇頭以上を殺処分する騒ぎになった。野生のイノシシからの感染が疑われているが、訪日客が持ち込んだ豚肉加工品などから広がったとの見方も出ている。

中国など海外では感染力の強い「アフリカ豚コレラ」（豚コレラと症状は似ているが別の病気）の拡大も続き、国内への侵入が懸念される。食品などを介した伝染を防ぐため、生産現場だけでなく食肉衛生検査所や検疫所に勤務する獣医の役割も重要だ。

獣医師は足りているのか、足りないのか

さて、加計学園問題を巡っては、政権との癒着の有無や官僚の「そんたく」といった事実関係とは別に「獣医師はそもそも足りているのか、足りないのか」という論点が浮かび上がった。

この点について、農水省や文部科学省は「足りている」という立場だった。総数が足りないのではなく、獣医の多くが小動物診療分野（ペット医）に流れてしまうことが問題だという主張である。

これに対し「獣医は足りていない（だから獣医学部新設は必要）」と主張する側は、上記のような家畜伝染病に備える体制が国際的に見ても遅れていることを強調し、話がかみ合わなかった。どち

らの言い分にも一理あるが「部門間の偏在を解消し、畜産の防疫体制を確立するには何が必要なのか」という建設的な議論は深まらなかった。

一〇年度版の「食料・農業・農村白書」（一一年五月三一日公表）によると、〇四年に獣医学部を卒業した約一〇〇〇人の新規獣医師のうち、半数以上は犬・猫等のペット分野に就職し、産業動物を手がける民間獣医や公務員獣医になった人は二〇％だった。また、産業系の獣医は、今後も減少が見込まれ、獣医学教育の場で、その意義や魅力について知る機会が少ないことがその背景だ――とする〇六年度の「獣医師の需給に関する検討会」の議論が紹介されている。

こうした実情を踏まえ、農水省は一〇年八月に「獣医療を提供する体制の整備を図るための基本方針」を公表し、産業動物獣医師等の確保対策の強化や技術水準の「高位平準化」を目指す方向を示した。

しかし、その成果が上がっているとは言い難い。同省の「獣医事をめぐる情勢」によると、一六年における獣医の総数は三万八九八五人で、〇六年の三万五八一八人より八・八％増えた。しかし、産業動物診療分野は四二七〇人で四・五％減となり、構成比（獣医全体に占める割合）は一二・五％から一一％に低下。公務員獣医は九三五〇人で三・九％の増加となったものの、構成比は二五・一％から二四％に下がっている。半面、小動物診療分野は一万五三三〇人で一六・三％の大幅な増加となり、構成比も三六・八％から三九・三％へ二・五ポイント上昇した。獣医の総数は増えたが「偏在」

はむしろ強まっている。

農水省の調査（一七年四月時点）によると、産業動物獣医の確保目標を設定している四一道府県のうち、確保目標を達成しているのは一八府県にとどまり、二三道県は未達成。公務員獣医についても、目標を設定している二四県のうち達成一〇県、未達成一四県という状況だ。産業動物獣医の足りない道県は東北・北海道・南九州などの畜産・酪農地帯に集中しており、公務員獣医についてもそれに近い傾向が見られる。

女性獣医が活躍へ向けたサポート体制を

また、現場からは「獣医一人当たりの業務が増え、時間外・休日勤務で対応」、「治療以外の繁殖指導に時間をかけることができず、繁殖成績が低下」、「獣医の高齢化が進み今後の影響が心配」、「伝染病発生時に家保職員だけで対応できず他部署に応援を依頼」、「病気の鑑定を求められても検査の都合がつかず断る場合もある」等々、悲鳴に似た声が上がっている。「ブラック職場」化が進めば、ますます産業動物分野は敬遠され、悪循環に陥る恐れもある。

ミスマッチ解消のため、農水省は一八年度から産業動物獣医・公務員獣医を志す私立大学の獣医学生に自治体を通じて貸与する修学資金の上限を一二万円から一八万円に引き上げた（国公立は一〇万円）。また畜産が、盛んな地域の獣医大学や農業共済診療施設、家保での実習・研修を実施し、産業分野への就業を促すとしている。だが、これらの措置で根本的な解決が図られるかは不透明だ。

一つのポイントは女性の活躍だろう。同省のまとめによると、一六年末時点で業務に携わる獣医の三割が女性だが、若い世代ほどその比率は高く、二〇代では四七・三％に上る。獣医学生も半数は女性だという。

問題は結婚や出産を機に休職し、そのまま復職しない女性獣医が多いことだ。日本獣医師会が開設する「女性獣医師応援ポータルサイト」によると、獣医登録されながら獣医としての業務に就いていない人の割合は、男性の一・一％に対して女性は六・四％と多い。スムーズな復職を支える研修や学び直しの態勢を充実させることが課題になっている。

同サイトから、畜産の現場で活躍する女性獣医の声を紹介したい。全国の養豚場と契約し、農場ＨＡＣＣＰの構築や経営への助言などもおこなう企業に勤務する養豚管理獣医師の女性は研究職志望だったが、実習で、農家とともに働く喜びを知り、臨床の仕事に就いた。一〇万頭にも及ぶ「群管理」の面白さ、治療より予防を重視し、生産者と一体で経営にも関与することにやりがいを感じているという。

千葉県の農業共済組合連合会の中央家畜診療所に勤務する女性獣医は、牧場での実習を通じて、畜産現場に魅力を見出した。主に乳牛の診療に当たっているが、品種改良や育成にも携わり、種付けでは受精師らと相談しながら生産効率や品質の向上に努めている。出産のため、いったん仕事を離れたが、同僚や夫のサポートを受けて復職し、苦労は多いものの仕事と育児を両立させているという。

こうした先輩たちの体験や思いを、獣医を志す若者たちに伝えていくことは効果的だろう。

農水省が獣医学生を対象におこなったアンケート調査（一七年）よると、入学前の志望は半数が「小動物診療」で、産業動物や公務員はそれぞれ一割未満に過ぎないが、入学後には小動物を第一志望とする学生は四割に減り、その他の分野が増えている。志望を変えた学生の約半数は、講義に加え実習やインターンシップがそのきっかけになったと言う。

もちろん、教育だけで問題が解決するわけではないだろう。畜産現場で働く獣医に、十分な報酬と働きやすい環境を提供することが基本である。加計学園を巡るスキャンダルはうやむやになっても、本質的な問題が置き去りにされてはならない。

尊厳ある命を意識し動物福祉の確立を

一方、ペット医の世界は逆に「過剰」という問題を抱えている。農水省がまとめた「都道府県別飼育動物診療施設の開設届出状況」によると、産業動物を除く飼育動物の診療施設（いわゆる動物病院）の数は、〇七年の九八三六カ所から一七年の一万一八三九カ所へと二割の増加を示している。

しかし、ペットフード協会による「全国犬猫飼育実態調査」では、同じ期間に飼育される犬の数は一二五二万頭から八九二二万頭に、猫は一〇一九万頭から九五三万頭に減った。犬が二九％、猫が六・五％の減少率だ。

人口減少に伴って飼い主自体が減っていくのは当然だが、高齢化などを背景に「十分な世話ができない」、「最後まで面倒をみる自信がない」といった理由から、ペットを飼うことをためらう人も多いようだ。

縮小するパイを大勢の新規参入者が奪い合う。ペット医を巡る状況は、そんなふうに描き得るのかも知れない。ただ、ことはそう単純でもない。人間の高齢化と同様に、ペットも長寿化の傾向を示しているからだ。

現代では、昔のように残飯を与えられる犬や猫は少ない。単身世帯や子どものいない世帯の増加を背景に、ペットは家族同様、いや家族以上とも言える存在になっている。栄養バランスにも配慮した高価なペットフードを食べ、病気になれば手厚い医療が施される。人間の「成人病」にあたるペットの病気も増えており、ペット医に対するニーズは質的に高度化しているとも考えられる。

また、飼い主が亡くなったり、高齢や病気で世話ができなくなったりした犬猫をどうするのか、という深刻な問題もある。ペットフード協会の調査でも「高齢で飼育不可能な場合の受け入れ施設の提供サービス」、「飼育が継続不可能な場合の引き取り手斡旋サービス」を求める声が高まっていることが示されている。

当然ながら、ペットに健康保険制度のような公的医療サービスはない。どのような医療を施し、どれだけの対価を支払うかは、獣医と飼い主の合意次第だ。「過当競争」が激しくなればこれまでのような収入を得られなくなるペット医が増える一方で、富裕層相手に高額な報酬を得る動物病院も登場し、格差が広がっていくのかも知れない。あるいは、科学的根拠の疑わしい療法などを勧めて荒稼ぎをする悪徳医も登場しかねない。すでに人間の医療に使われる抗生物質をペットに乱用し、結果として耐性菌（抗生物質の効かない病原菌）を増やしてしまう、といった問題も指摘されている。

このように「偏在」の弊害はペット医の側にもある。獣医学教育、獣医事行政に携わる多くの関係者や団体がともに考えていくべき課題だろう。

獣医を巡るさまざまな問題の根底には、一七年七～九月期の研究会全体のタイトルとした「動物たちの命と向き合う」ということがあるように思う。人間は、ペットも含めた動物たちの命を利用して食料を獲得し、生活の質を高め、幸福感を味わってきた。畜産の大規模化（効率化）やペットブームの陰で、尊厳ある命への感謝や贖罪の意識が薄れてきてはいないだろうか。畜産現場でのアニマル・ウェルフェア（動物福祉）が叫ばれる今、獣医の役割だけでなく、私たち消費者の意識も問い直されているように思える。

（ゆきとも　わたる・農林中金総合研究所）

19　「獣医不足」論の根底にある偏在の解消を

今、問われている記録と検証
～獣医療と動物福利倫理

公益社団法人日本獣医師会顧問　北村　直人

皆さん、今晩は。今日のテーマは、「今、問われている記録と検証」です。われわれ獣医師にとっては、記録と検証は当たり前のことです。カルテに全て記入し、それを他の獣医師や家畜保健関係等機関の方々にも見ていただいて検証していきます。

また、獣医療と動物福祉についてもお話をさせていただきます。

今日は、まずチーム獣医療の役割と社会的責任について、また、記録と検証およびチーム獣医療のあり方。そして現在、薬剤耐性菌が大きな問題になっていますので、指示書と耐性菌のことにも触れたいと思います。それから最後に、アニマルウェルフェアと動物倫理について、わかり易くお話したいと思います。

私たちの脳細胞の役割を説明するのに、エビングハウスの忘却曲線がよく使われます。私たちは、全てを記憶することはできません。二〇分後には四二%を忘れ、一日経って七四%を忘れないと、人間は生きていけません。一か月も経つと、七九%を忘れてしまいます。

しかし、記憶に残るものと残さないものとを峻別しているのだと思います。ノーベル賞をもらうような頭の良い人でも、脳の六%しか使っていないと言われていますし、普通の人はせいぜい三%ぐらいだと言われています。

したがって、すぐ忘れてもおかしくないのが人間だということです。そして、脳細胞を増やすためには、好きなことに没頭することが大切です。今日の話も気楽にお聞きいただいて結構です。

多くの皆さんが、「獣医師」には、動物（家畜）の診療をしているというイメージが強いと思われます。実際には、獣医師のほかにも、看護職に相当する人工授精師、装蹄師の仕事があり、現場ではチーム獣医療のスタッフとして働いています。

その目的は、特に家畜の場合は健康な家畜を育てていくことです。かつては一頭ずつ診察して、病名を特定して診療方針を決めていくという個体診療が中心でしたが、様々な関税障壁が取り払われてきている現在では、飼養農家戸数が減る一方、一農場当たりの飼養頭数が増えていますので、郡単位での健康管理が求められるようになってきました。つまり、病気にさせないためにはどうしたらいいかを第一義的に考えます。獣医師の地域的な偏在があるのは事実ですが、この分野での仕事もやり方が、昔とはかなり変わってきています。最近では人間でいうところのがんセンターのように、高度二次診療を専門におこなうところも出てきました。

様々な場面で活躍する獣医師

そうして変化している獣医療の現場でも記録と検証は当たり前のように実施されています。安全・安心な動物や畜産物を提供できるように健康に動物を管理していくことが、獣医師の大事な役目です。農林水産省所管の家畜保健衛生所では、家畜伝染病の防疫を目的に家畜伝染病の予防をおこなったり、伝染病が発生したときのまん延を防止したりしています。そこでも、記録と検証がたいへん重要です。鳥インフルエンザや口蹄疫の検査などでは、多くの獣医師が活躍されています。

日本の畜産を守るという意味では、「動物」保健衛生所としたほうが国民にはわかりやすいのかもしれません。ここでは獣医師は伝染病の予防を一時的におこなうわけですが、都道府県の知事は獣医師に限らず臨時に家畜防疫委員を任命でき、短期日に伝染病を終息させるようにしています。宮崎県で口蹄疫が発生したときには、県内に限らず、全国の獣医師や犬猫の獣医師までも駆けつけました。そうしたシステムは全国にわたって用意されています。

厚生労働省所管の食肉衛生検査所の獣医師は、最終的に安全な食肉を供給するために働いています。例えばBSEの検査など実際に作業をおこなうのは検査技師でもいいのですが、その結果を判断するのは、獣医師でなければできません。そこでも、きちんと記録と検証がおこなわれています。

安全な食品を供給するという意味では、流通においても、獣医師の役割が重要です。例えば、販売店からサンプルを採って検査をしたり、賞味期限や生産地記載の確認などをおこなっています。食品衛生の監視においても、記録と検証の重要性は変わりません。かつては一般的に保健所の所長は医師がなっていましたが、今では獣医師も保健所の所長になれるように法律が改正されています。もっとも、今のところその例は無いようですが。

現在危惧されているのが、輸入食品の検疫です。成田や横浜など各地の検疫所（動物検疫所）で、獣医師たちが輸入食品や畜産物の検査に取り組んでいます。安全な食品を輸入するためにも、記録と検証は欠かせません。そして、輸出する国と輸入する国の検疫に関わる獣医師の教育が、ほぼ同じレベルのものであることが求められます。従って、われわれは国際的な水準の教育を目指してきており、それはほぼ達成されていると考えております。わが国の大学では、アメリカやEUのレベルと同じ教育がおこなわれています。

人と動物の健康は獣医師の役割、地球の願い

一九九五年に宣言された「獣医師の誓い」の全文には、次のような文言があります。「人類は、地球の環境を保全し、他の生物と調和を図る責任を持っている」。これは、獣医師にとってばかり

でなく、地球に棲むことが許されている全生命にとって非常に重要な考え方です。特に獣医師は、人の健康と福祉の増進にも努めなければなりません。つまり、「ワンヘルス＝命はひとつ」ということです。人と動物の健康は地球の願いそのものです。従って、世界の医師会と獣医師会は協定を結んでおります。そして、動物からの人への感染症を未然に防ぐことに協力しています。

なお、獣医師法と医師法の第一条には、ともに最終的に「公衆衛生の向上に寄与」することが明言されています。人に対する公衆衛生に寄与するという目的は獣医師も、医師も変わりありません。

獣医療は人と動物、医療は人と人間の関わり、そしていずれも経済とも関わっています。そして、保護法益という意味で捉えると、獣医医療では保護は動物で法益は人です。医療では、保護は人間で、法益はやはり人ということになります。そして、それを裏付けるのが記録と検証なのです。

今でこそ、消費者の権利は当たり前のように言われますが、一九六二年にケネディ大統領が初めて、安全を求める権利、知らされる権利、選ぶ権利、意見を聞いてもらう権利という四つの権利を「消費者保護に関する一般教書」で明示しました。その後、フォード大統領が消費者教育を受ける権利を五番目に加えました。現在では、国際消費者機構がさらに三つ加えて八つの権利とし、さらに五つの責任を提唱しました。それは、批判的意識、自己主張と行動、社会的関心、環境への自覚、そして連帯です。環境リスク学の中西準子博士は、一つ便利になると一〇のマイナス六乗分環境に負荷が起きるとしています。われわれが地球上に棲むためには、しっかり環境のことを考えていかなければならないという戒めではないかと思っています。

消費者に信頼される現場を考える獣医師

これまで私は獣医師として、多くの場面で法整備と関わってきました。そこで、われわれ獣医師が反省すべきなのは、消費者に対する視点が希薄ではなかったかということです。ほんとうに、公平かつ中立な立場から消費者の代弁者となってきただろうかということです。例えば農林水産省は様々な事業の推進役ともいえる一方、獣医師はどちらかといえば、それらにブレーキをかける役目を担っています。

最終的には、獣医師は消費者に軸足を置くような視点をもって行動しなければなりません。そうして、消費者の方々が消費していただくことで再生産が可能になるわけです。

Ｆａｒｍ ｔｏ Ｔａｂｌｅやフードチェーンという言葉がありますが、それは、食卓の安全・安心は農場からという考え方です。農場で、消費者に安心・安全をどう届けるかという考えを、獣医師もしっかりともつ必要があります。その上で、流通業者も含めた様々な関係者と連携をとって、消費者の思いを考え、一体感をもって活動していくべきです。

そうした考え方に立って、われわれは法の整備をしてきました。そうして、家畜保健所の設置や家畜伝染病法も変わることになりました。

近年、獣医師法違反・獣医療法違反・薬事法違反などで、獣医師の行政処分が増加しています。また、食の安全に関わる事件は、警察庁の資料によると、いまでも多発しています。さらに、動物愛護法違反も多くなってきています。

何と言っても、安全を確保する基本はＨＡＣＣＰの考え方であり、それは整理整頓です。五Ｓ運動（整理・整頓・掃除・清潔（衛生）・習慣しつけ）も大事です。何かを使えば、それは元の場所に返す、掃除をこまめにする、そうして、きれいな畜舎、きれいな生産現場をつくっていくことです。最近では多頭飼育となっていますので、従業員も多いことから、従業員にもきちんとそうした習慣をもってもらうことがたいへん大事です。それを、管理獣医師は生産現場で徹底できるように活動しています。どうすれば消費者の方に畜産物を買っていただけるか、そうして消費者に承知していただくことが再生産につながっていくということを、常に現場の獣医師は考えています。

消費者庁が発足し、家畜伝染病予防法も改正になり、来年には、犬猫にマイクロチップを挿入することも、動物愛護法の改正で義務化されるようになります。

ペットの飼い主、あるいは畜産生産者の方はコンプライアンスを重視していただくのはもちろんです。規則をきちんと守るのと同時に、地球環境やアニマルウェルフェアのこと、そしてＨＡＣＣＰ（危害分析重要管理点方式）なども考慮していく必要があります。そのとき、チーム獣医療に携わる方々は生産者の方々と一緒に、生産現場でやっていこうということになっています。そこでも、説明と承諾など管理の徹底が求められます。

危機管理の原則は疑わしきものは与えない

最近では、小動物でも訴訟を起こされる事例が増えてきています。ペットは家族と一緒に住んでいますし、小児科相当の薬量を現場の獣医師は使用しています。しかし、不幸にもペットが回復しなかったときに、診療が適切であったかどうかを証明する手段が今のところ確立されていません。人体薬の動物への使用は、獣医師の裁量権の範囲として認められていますが、その臨床データは必ずしも整備されてはいません。農林水産省は、短期の治験を経て人体薬を動物薬として使えるように規制を緩和していますが、人体薬に比べ動物薬は売れませんから、製品化する製薬会社はあまりありません。従って、どうしても人体薬を使いがちになります。もちろん飼い主にはその使用についての了承をとりますが、それでも裁判になることもあります。そうした意味からも、「記録と検証」はとても重要な役割をもっています。

もちろん、動物用医薬品の適正使用が大前提です。餌やペットフードの安全性にも目を配ります。危機管理の原則は、疑わしきもの（飼料や水）は与えないということです。そして、リスク分析は、リスク評価、リスク管理、リスクコミュニケーションです。危機管理とは、「まさか」ではなく「もしかして」の気持ちを常にもつことだろうと思います。そのためには歴史に学び、正確な情報を的確に収集しなければなりません。日本のリスク管理のトップは内閣総理大臣ですので、総理官邸の地下には危機管理室があります。最高責任者は危機管理室で情報を的確に集めて、的確な指示をしなければなりません。そこでも、記録と検証が重要です。

さらに、なによりもリスク評価に関する科学的知見に関する情報をわかりやすく説明することが求められます。私が消費者の方向けに話をするときは、小学校五年生の子どもでもわかるくらいにかみ砕いた言葉で伝えていこうと努力しています。そうでなければ、コミュニケーションはなかなかとれません。そうして、リスクコミュニケーターとして、獣医師は生涯現役でその役割を担っていくべきだと思います。

薬剤使用の適正化など獣医師の重い責任

国内での抗生物質の使用目的を見ると、人間は二四％、獣医師が使う動物向けが三八％、他に水産業、農業、食品製造で使用されています。医療と獣医療で半分以上の抗生物質は使われていることになります。従って、この分野での使用をどう抑制するかが重要です。抗生物質やワクチンの適正使用については、特に記録と検証が大事になってきます。

畜産生産者やペットの飼い主が持っている大きな不安の一つが、伝染病などの病気です。それらに対応する治療が適切におこなわれているかが、大きな関心でしょう。さらに、様々な不安をもっています。安全で安いペットフードはあるか、治療費はどうか、看護職員に全てを任せてしまって良いのか、知り合いがもっと効果のある薬があると言っていたがどうなのか。さらに、指示書を書いている獣医師を知らない。市場やペットショップで扱われている動物はほんとうに健康なのか。

そうした不安に応えるため、獣医師は様々な責任を負っています。まず、指示書の発行の全責任は獣医師にあります。指示の内容通りに使われているかどうかを確認し、特に食肉や乳製品を生産する産業動物に関しては、使用後最大一〇〇日間は出荷できない薬剤もあります。そうしたことを確認した上で出荷させる責任は、獣医師にもあるのです。記録を流通関係者にも開示し、健康状態であるということを示します。そして、薬剤耐性菌については、誰よりも敏感であるべきです。

最近では、獣医師が使用薬剤の指示書を書き、生産者はその指示書によって薬局から薬剤を購入します。自分の家畜には自分で注射ができます。薬剤師は使用薬剤に関するチェックをおこなっています。セミナー等で薬剤師は日常的に研究しておりますので、獣医師も同様に研鑽を重ねていかなければなりません。

いずれにしても、基本となるのは法令遵守です。消費者にとっては食べ物ですから、法律に則って、処理されていると考えるのは当然です。そうでなければ、安心して食べられません。消費者は、動物医薬品の指示書や耐性菌問題、家畜伝染病予防法などの法律や様々な基準について、誰でもが詳しいわけではありません。従って、消費者が不安に思うようなことは、獣医師を含めて関係者は、絶対やってはいけない。行政が対応するのは、往々にして問題が起こってからです。しかし、知らなかったではすまないので、法令遵守を自問自答しながら先手をとって、情報を共有しながら行動すべきだと思っています。

アニマルウェルフェアと動物倫理の動き

アニマルウェルフェアに関して、国際的に認知された基本原則は五つあります。「五つの自由」と言われています。それは㈠に「空腹及び渇きからの自由」、㈡に「不快環境からの自由」、㈢に「苦痛、に損傷、疾病からの自由」、㈣に「正常行動発現の自由」、㈤に「恐怖及び苦悩からの自由」です。いずれも、人間に当て嵌めても同じで、至極当たり前のことです。一は、食料と水をしっかり与えなさいということ。二はゴミだらけのような不快な環境で飼わないようにすること。三は苦痛・損傷や疾病のときはすぐに治療して健康体にするということ。四はヒトと同様に動物も自由に動き回れるようにすることが基本だということ。五は現代社会ではヒトばかりでなく動物も監視をされないで過ごすことができるようにしましょうということです。

一九九七年のアムステルダム条約において、家畜は単なる農産物ではなく、感受性のある生命存在であると宣言されました。それをもとに、二〇一二年には鶏のバタリーケージが全面禁止になり、狭いケージにずっと閉じ込めるのではなく、歩き回れるようにしなければならなくなりました。繁殖豚のストール飼育も段階的に禁止されました。ＥＵは、共通農業政策（ＣＡＰ）改革において、アニマルウェルフェアを実行している農家に直接所得補償をおこなう制度を取り入れ、さらに輸入畜産物に関して、輸出国の生産農場での対応に関してもチェックをおこなうようになりました。二〇〇四年には飼育管理に関するガイドラインが策定され、わが国においても、二〇〇六年に「快適性に配慮した家畜の飼養管理報告書」が出て、二〇一〇年には各畜種の飼養管理指針が策定されました。

欧米の動きを追って見ると、一九八八年に最初にスウェーデンで動物福祉法が制定されました。九〇年にはイギリスで仔牛ストール飼育の禁止、その後、バタリゲージの禁止や妊娠豚の枠廃止など様々な措置がとられ、二〇一二年にはＯＩＥ（国際獣疫事務局）はアニマルウェルフェアと肉牛生産システムを陸生動物健康規約に追加し、二〇一三年にはＩＳＯ（国際標準化機構）は輸出に関するアニマルウェルフェア基準を策定しました。そして今日では、ヨーロッパの有名レストランのシェフや食料品店、外食チェーン、多くの大学の食堂などでは、アニマルウェルフェアに沿った畜産物しか使用しないと宣言している所も少なくありません。

そうした流れで見ると、二〇二〇年の東京オリンピック・パラリンピックで使用する食材は、アニマルウェルフェア、そしてＨＡＣＣＰやＧＡＰにそったものかどうかが、非常に大事になってきます。

なお、二〇一三年四月から、化粧品の開発で動物実験が原則廃止されました。これは、動物実験を経て開発された化粧品がすでにEU内で販売できなくなったからです。われわれ獣医師も、これまでのように動物実験をおこなうことはできません。特に、霊長類であるサルを使った実験は、EUではまったく認められず、猛烈な批判が起こります。動物実験の回数を減らしたり、苦痛をなくしたり、代替品を使うなどの対応が動物愛護法にも定められています。

OIEの飼育管理に関するガイドラインは、次のように記述しています。動物の健康と福祉の間には強い関連性がある。「五つの自由」は動物福祉にとって有効な手引きとなる。「三つのR」(動物の使用数の削減、実験方法の洗練、動物を利用しない技術への置き換え)は動物実験の有効な手引きとなる。また、動物の利用が、動物の福祉が保証されるように「倫理上の責任」をもっておこなわれることが言われています。その結果、畜産動物の福祉の改善は、生産性と食の安全性を改善する可能性があり、経済的な利益を生み出すことが可能になるのです。

従ってシステム(デザイン規準)よりも、むしろその結果(動物への効果を判断する規準)が福祉基準やガイドラインを比較する際の基本となるということです。

わが国の「快適性に配慮した家畜の飼養管理報告」では、各論として、採卵鶏、ブロイラー、豚、乳用牛、肉用牛に関してガイドラインが用意されています。ここでは、アニマルウェルフェアは快適性飼養管理に読み替えられています。ただし愛護倫理としてプレミアムとせず、家畜を除くとしています。動物に関する唯一の法律である動物の愛護及び管理に関する法律は、一九七八年に「動物の保護及び管理に関する法律」として制定され、九九年に「愛護」という言葉に変わりました。法律制定にかかわったとき、私は「福祉」という言葉を使いたかったのですが、厚生省の反対にあったことを記憶しております。その後数度の改正を経て、二〇一三年の改正によって、マイクロチップの義務化がされるだろうと思われます。

哲学は倫理学に影響し、また、倫理学から新たな哲学が生まれたりするように、哲学と倫理学はお互いに関係し合っています。倫理は、その時代時代によっては道徳となり、それはまた正しい常識となることがあります。倫理的な問いかけの例として、人はなぜ動物を利用したり、殺して食べていいのか、ということがあります。また、今日的には、体細胞クローン牛は消費者に受け入れられなかったものの、その後どうなっているのかという疑問もあるでしょう。福島の避難区域にいる野生化した牛や豚は今幸せなのか、ということも倫理的に問われるのかもしれません。牛の精液による性判別は苦痛を伴わないので、性のコントロールは容認されるのかということも考えられるでしょう。

ヨーロッパの動物観を見ると、創世記では、神はそれぞれの生き物を創り、人に管理権を与えたとしています。ノアの方舟に乗っていた清き獣と鳥を食糧とすることが許されました。その後、理性をもたない動物には、道徳的な配慮は不要だとし、アリストテレスも、それは生きている道具だとして奴隷制を支持していたと言います。デカルトも、動物は理性も感情もない有機的機械だと言いました。やっと一八世紀になって、ベンサムが、功利主義を唱え、最大多数の幸福の原理の適用は人間のみならず、動物も考慮しなければならないとしました。一九世紀には、ダーウィンの人間は神による創造ではなく、ある種から別の種へ進化したという進化論が出てきました。もっとも今でも英米には進化論を否定する人々も存在しています。その頃から動物の保護運動は始まって、動物にも生得的に生きる権利と道徳的な地域があり、人間と同等の道徳的価値があるという考えが出てきました。

そして、二〇世紀に入ると、ピーター・シンガー、トム・リーガン、ルース・ハリソンといった人々が、様々な著作を通じて動物の権利を実現しようと活動しました。わが国では、佐藤衆介・森裕司編による訳書『動物への配慮の科学』が出版されました。

動物のいのちと人間とのかかわりを考えてみると、いのちを犠牲にする動物といのちを守ってあげる動物とに分けられると思います。前者には、畜産動物や実験動物、狩猟の対象になる野生動物も含まれるでしょう。後者には、愛玩動物や野生動物、人が使役する動物もあり、もちろんヒトも含まれます。

ところで、ヒトと動物はどこが違うのでしょうか。人類とその他の動物の知性・理性、社会性、情動・苦悩、感覚性・苦痛といったことについてレベルを示したスライディングスケールモデルというものがあります。ヒトを一〇として、大型類人猿・鯨類、小型類人猿、イヌ・ネコから鳥、魚、無脊椎動物、単細胞動物、植物といくにしたがって、知性・理性、社会性、情動・苦悩は程度が下がっていきますが、それでも程度が違うだけであって、特に感覚性・苦痛についてはヒトと変わらないと考えられています。ヒトもヒト以外の動物も三八億年を遡ると、同じ祖先に辿り着きます。ヒトと他のほ乳類はほとんど同じ構造を持っていますし、ヒトとチンパンジーのＤＡＮの違いは一・六％しかありません。そうすると、人間に普遍的に与えられている権利は、動物にもあるのではないかと、アニマルウェルフェアでは考えます。

日本人の動物観の底流にある不殺生の教え

これまでも社会的地位や人種、性による差別がありましたが、それらは奴隷解放や男女平等意識などで解消されつつあります。そして次は、動物種の差別からの解放ということが起きてくるかもしれません。動物にも人（動物）権があり、危害を加えてはならないという考えが出てきます。例えば、スペインの闘牛は牛に剣を突き刺すまでおこなわれます。一方、日本の山古志で伝統的におこなわれている闘牛は、行司が判断して、牛が怪我をする前に勝敗を決します。このような点を見ると、日本人が持っている動物への考え方は、欧米とは違った歴史・風土の中で生まれて来たのではないかと思われます。

従って日本人の動物観には、東洋的な仏教の世界の人間と自然は一体不可分であるという思想が見えます。六七五年に天武天皇が食肉禁止令を出してから、明治五年まで約一〇〇〇年にわたり、日本では、食肉が禁止されていました。それ故に、不殺生の教えが広められたのです。神道では万物に霊が宿り、死は不浄（けがれ）とされ、仏教の教えと相まって不殺生や放生が勧められたのです。現在においてもその精神が受け継がれ、日本人の動物観の底流をなしています。そうした動物観の中で、わが国の畜産はおこなわれているわけです。

日本人には、ウチの世界とソトの世界という特有の空間認識というものがあります。ウチの世界というのは天皇を中心にしたヒトの棲む穢れのない世界で、ソトの世界は魑魅魍魎や怨霊、動物の棲む異界であり不浄の世界です。ウチとソトを分けるのが結界で、不浄な世界から厄災がもたらされないように道祖神、庚申塚などで、精神的な境界をつくってきました。その境界には寺社があって、ソトからウチへ入る時にお祓いをします。さらに、稲作文化の中で生きるということは、全体に同調できないものは村八分になるということです。そして、正しい事を言うときは少し控えめに言わなければなりません。

ウチの世界で最も重要なことは同質性です。ウチの世界のペットは人と同質であり、人とみなされる存在でなければなりません。従って、日本のペットは飼い主にとって、忠実で反論しない、嘘をつかない、そして自分が愛護してやらなければならない弱い存在の「人」になっているのです。

こうした動物観が底流にあることを、われわれ獣医師もきちんと意識していないといけません。仏教における在家信者が守るべき五戒とは、不殺生戒、不偸盗戒、不邪淫戒、不妄語戒、不飲酒戒です。きちんと実践するのはなかなか難しいことですが、こうした概念がわれわれ日本人の動物と人間のかかわりの底流をなしていると考えられます。アイヌやマタギは狩猟を続けてきましたが、アイヌは獲物を神様の化身、恵みとして神に感謝し、贖罪の儀式を執りおこなっていました。マタギにしても、狩猟の前には祭祀を執りおこない、自然に対して畏敬の念を持っていたのです。

諏訪大社には、「諏訪の勘文」という呪文があります。「慈悲と殺生は両立する」ことから、「鹿食免」（かじきめん）という、いわば免罪符が発行され、狩猟と食肉が許可されてきました。食肉禁止令がありながらも、例外は認められていたわけです。ここにも、日本人の奥深いものの見方が現れています。特権階級にしか許されていなかった鷹狩ですが、そこでは贄鷹祭が執りおこなわれます。獲物を神に捧げ、獲物の魂は鷹匠が死んだ後、鷹匠と一緒に成仏させるとし、魂の抜けた後の肉を人が食すことが認められるものです。これも、日本特有の考え方だと思います。

獣医療に携わる人たちの共通認識として

そのような日本人の心象を見ると、自然に対する畏敬と動物を殺すことに対する罪悪感を持っていたのではないかと思えます。動物を苦しませないように慈悲の心で殺生し、その動物の霊魂を成仏させることに責任があると考えていました。従って、安楽死には否定的になります。古い時代の日本での動物への配慮は、死の時点で始まり、死後の霊魂を慰撫し、禊ぎをすることが中心でした。今でも、動物の慰霊碑や獣魂碑が建てられ、手を合わせています。動物衛生検査所の中には、動物の慰霊碑があります。そういう意識の中で、近代畜産も続いてきているわけです。

最近ではそうしたことが少なくなってきたようですが、もう一度そうした考えを思い起こして、動物や家畜への感謝が必要なときではないかと思います。

生き物がいのちを捧げてくれるお陰で、私たち人間の命は支えられています。実はこれは、死んだ命をいただきますということであり、ここでも死んだ後の命に対する感謝が示されています。食育で最も大切なことは、私たち人間のために処理されて死んだ命をいただきますということです。動物だけではなくて、植物を含めての命に、いただきますと感謝して手を合わせるのです。

そうすると、生かし方にも配慮することが、非常に重要になってきます。幸せに過ごし、苦痛なく処理されて、そのうえで、命をいただきますと感謝されて、はじめて日本の家畜は生を全うしたことになるのです。その動物が殺されるまで良い生活を送り、と場で苦痛なく処理され、しかも最初の動物が殺されなければ存在しえなかった次の動物（置き換え可能な動物）も最初の動物と同じような生活が送れるという条件がつきます。これが、日本人の持っているアニマルウェルフェアの考え方につながっているのではないかと思います。

従って、狭いゲージに閉じ込めて飼育するようなことは、なるべく少なくし、糞尿にまみれて過ごすような環境は避けなければなりません。例えば、畜舎への入口と出口を別にするなど、感染症を防ぐ対策も十分におこなう必要もあります。獣医師をやみくみに増員しても、感染症が防げるわけではありません。獣医師は指導的な役割を果たしながら、様々な関係者と協力しながら、普段から防止対策をとっておくことが大切なのです。

再生産可能な産業動物も人間と同じように、幸せな生涯を送っていけるということを獣医療に携わる多くの人たちの共通認識とし、これからも、消費者の安心・安全は農場からということを考えていこうと思っております。

獣医療の教育体制を維持していくには

畜産の現場では、家畜診療の体制も変わってきております。これまで、一人の獣医師は一〇〇〇から一三〇〇頭が限界でしたが、農場等の群単位で家督を管理するようになると、一人の獣医師ではすべてを見ることはできません。ただし、補助の役割をしてくれる人がいれば、一人で何万頭もの管理が可能です。獣医師の地域的偏在が指摘されているようですが、単なる人数ではなく、チームとしての獣医療が重要になってきています。そうした体制の中でこそ、今日の獣医師は社会貢献すべきだと考えます。

そして、獣医療の確立には、まず医療報酬を変えなければならないと思います。まず国の給与体系を変えることで、県や大学の医療従事者の待遇も変わってきます。獣医師になるためには、六年間で約一五〇〇万円の学費がかかると言われます。現在、獣医師として卒業した人の半分は行政機関に就職します。さらに数年後には、現役の獣医師の半数は女性になると見られます。そうした女性獣医師が生涯にわたって、獣医師として活躍できる環境を整えないとなりません。

一方、現在四万人いる獣医師のうち、約五〇〇〇人は実際には獣医療に従事していないと言われています。そのうち、八〇〇人近い女性獣医師は、家庭に入ったまま復帰していないという現状があります。獣医療の現場から離れている獣医師に、少しでも帰って来てもらえるように、様々な働きかけをしてきているところです。

今後も世界水準を持った獣医療の教育体制を維持していくには、まだまだ教育者が足りません。現行の一六大学での教育だけで手一杯という状況です。仮に新たに獣医学部が開設されたとしても、教育者が新たに増えるわけではないので、日本全体の獣医療水準が変わるとは思われません。新設するとなれば、多くの税金が投入されることにもなります。獣医師が少ないのであれば、既存の大学の定員を少し増やすことで、十分対応できると思います。また、水準の高い教育ができる教員の確保もたいへん難しい問題です。

獣医学部の新設が五〇年以上もできなかったのは、獣医師会の反対があったからという論調もありますが、決してそうではありません。新設の規制が正式になされたのは平成一五年の小泉内閣でのことでした。それまでは自由に開設できたのにもかかわらず、どこも設立するまでには至りませんでした。私は、特区構想自体に反対しているわけではありません。しかし、いのちに関わる医学や獣医学関連では、経済効果が現れるには一〇年以上かかるでしょう。そうした分野は、特区の制度にはなじまないのではないかと思われます。

またわが国において、獣医師そのものが果たして足りていないのかということも明確にしておく必要があります。そのためにも、現行の大学でおこなわれている教育現場をよく知っておかなければなりません。例えば、国で働く国家公務員のうち、医療一には医師・歯科医師が含まれます。従って、医療一の指導・監督のもとで働くとされているのが医療二であり、獣医師はここに含まれます。医療公務員としての報酬は低い。そうした待遇はぜひ変えていかなければならないと思っております。

（きたむら　なおと）

〈質　疑〉

――家畜防疫体制としては、今のままでも十分に対応できるとお考えでしょうか。

北村　獣医教育の空白地域が取り沙汰されていますが、仮に発生地域に大学の獣医学部等があったとしても、学生はまだ獣医師ではありませんので防疫の直接の戦力にはなりません。従って、対応の拠点となるのは、都道府県の畜産と衛生所管部署です。獣医師のほかに、職員を臨時家畜防疫員に任命します。都道府県内で対処しきれないと判断すれば、他県からの応援が入ります。その場合、農林水産省が全国に働きかけます。農林水産省や都道府県には、そうした連携をとるシステムがすでにでき上がっているのです。

ただし、鳥インフルエンザに関しては、渡り鳥が介在しますので、完全に防ぐことはできません。鶏舎を網で覆って外からの動物の侵入を防ぐ予防策がとられますが、その指導は都道府県の畜産課の職員で十分可能です。口蹄疫の場合は、人や車両による感染源の持ち込みが考えられます。地域や施設への入口や出口で消毒液による洗車や染み込ませたマットを設置するなどの対策がおこなわれますが、これも県の職員で可能です。そのように、水際対策は獣医師でなくても可能ですし、実際にこれまでもおこなわれてきました。

――　すると獣医学の新設は必要ないとお考えでしょうか。また、スーパー耐性菌が現れている一方、抗生物質は、現場でどのくらい使用されているのでしょうか。

北村　獣医学部の新設については、審議会答申にしたがって、認可されるのであれば、立派な教育をして、立派な獣医師を育てて下さいということでしかありません。ヒトに関しても同じですが、ヒトと同じ環境で生活する家庭動物に関して、どのくらいの抗生物質が使われているかが調査されているところです。成長促進剤を使用した畜産物を生産している国もあるようですが、その輸入が問題になったことがあります。やはり、獣医師だけでなく関係官庁の取り組みとともに、防止していく必要があると思います。

――日本の獣医療のレベルは先進諸国に比べて低く、人数の問題とともに質も高めていかなくてはならないという論調もありますが、どうお考えでしょうか。単に大学を増やすこと以外にはどんな方策が考えられますか。そうした検討がこれまでおこなわれてこなかったことが、結果として今日のような政治が絡んだ問題を生んだのではないでしょうか。

北村　私たちは、国立大学の獣医学部を増やすようにずっと働きかけてきましたが、国立大学が独立法人化される中で、かえって減少していくことになってしまいました。そうした中で、獣医学科を三あるいは四つにして、学生と教授陣をそれぞれ一〇〇人規模にすることを目指すべきだと思っています。今回の有識者会議での特区導入においても、そうした議論がおこなわれるべきだった。しかし、結論ありきではなかったのではないかとも思われます。このままでは、認可されていくのではないでしょうか。もっと自由に議論がなされた結果の結論であれば、良かったと思っております。

（二〇一七・七・二七）

養豚専門開業獣医師から見た日本の養豚の現状と課題

日本養豚開業獣医師協会 代表　大井　宗孝

皆さん、今晩は。ご紹介いただきました、大井です。

最初に、簡単に私どものクリニックの紹介をさせていただきます。一九八二年に、三人で設立した養豚専門のクリニックです。開業当初から、豚以外の動物は扱ってきていませんので、その意味では珍しいクリニックだと思います。三五年間、養豚界に支えられて仕事をしてこられたことに、感謝をしております。現在の主な業務は、農場の衛生コンサルタント業務で、それが業務の九割を占めています。青森県から鹿児島県まで、約六〇農場のクライアントを抱えており、五人のスタッフで、農場を訪問して対応しています。

一般的に、豚の獣医は、ほとんど注射器や聴診器を使うことはありません。どちらかと言えば、電卓とコンピュータが必須アイテムです。、生産状況や疾病の診断結果、モニタリングの結果を総合的に見て農場の状態を把握し、生産に危害を与えるようなものを前もって察知して、予防衛生という観点から仕事をしています。個体の診療や治療をおこなうケースは非常に少ないと言えます。また、農場ＨＡＣＣＰの指導をおこなっております。私どもは疾病診断専門の会社ももっていて、ここでは農場ＨＡＣＣＰやＧＡＰの家畜・畜産物の認証機関でもあります。そういう意味では、一般的にイメージされる獣医とは少し異なっているかもしれません。

また、獣医学部を卒業したばかりの人を定期的に受け入れて、地元で農村の獣医として開業してもらえるように研修をおこなっています。開業当初はなかなかたいへんですが、できるだけ応援していきたいと思っています。これまで、三人が研修を終えて地元で開業しておりますが、養豚の盛んな地域では養豚専門で仕事ができますが、そうでない地域では、やはり小動物を扱わなければならないようです。

私が現在会長を務めている養豚開業獣医師協会は、二〇〇四年に設立されました。養豚専門の民間獣医クリニックの集まりです。ほとんどのクリニックは一人の獣医師が担っています。現在の会員は三五名です。

日本の豚飼養農家は四六七〇戸と、前年に比べ一六〇戸減少しています。逆に、飼養頭数は増加していますので、一農家当たりの飼養頭数は増えています。規模の大きい上位三割の農場で、約八割の豚が飼われているというように、大型農場に飼養頭数が偏っていて、寡占化していることが、最近のわが国養豚の特徴と言えるでしょう。

一方、飼養頭数五〇頭以下の農家も一〇〇〇戸近くあり、二極分化が進んでいます。私どものクライアントで最も小規模な農場繁殖用母豚がは二三頭で、最も大きい農場はグループ全体で一万三〇〇〇頭の繁殖用母豚を所有しています。そうした多様なクライアントを相手にしていますので、それぞれに応じた対応が求められます。小規模な飼養農家も生き残っていけるように応援していきたいと、私自身は開業当初から思っています。

飼養規模が大きくなると、必然的に人里から遠くに畜舎をつくらざるを得ませんが、小規模農家は周りに住宅が建ってくると、環境に配慮する必要があります。そこではむしろ市民との結びつきを大事にして地域に融合する様に努力している養豚農家も少なくありません。大規模飼養農家になると、気を遣うのは、市民に対してよりも行政になるのかもしれません。

大規模飼養農家の豚舎は、空調も装備され、一棟当たり一二〇〇～一五〇〇頭の生後日数の揃った豚を一斉に出荷できるという、高効率化が図られています。一方、小規模農家では生産効率も大切ですが、農場HACCPやGAPの認証をとって直売に繋げ特徴のある経営をおこなっているケースもあります。

他の畜種と比べると、飼養戸数、飼養頭数とも養豚の減少が激しくなっています。養豚は施設産業でもありますので、施設装備や維持に多くの費用がかかります。現在、一飼養農家当たりの頭数は二〇〇〇頭を超えており、繁殖用母豚は約二〇〇頭いることになります。それが、わが国の平均的な養豚農家の姿だということになります。出荷頭数について経年的に見ると、飼養頭数の変化に比べて大きく変動しています。それは病気による影響だと思われます。二〇一〇年には口蹄疫、二〇一一年には東日本大震災の影響もありました。病気が発生してまん延すると、出荷は減少し、ワクチンが投与され始めると、出荷はまた回復します。養豚の歴史は病気との闘いと言ってもいいと思います。病気で全国の出荷が減ると、豚肉の卸は国産の不足分を補うために外国産を輸入します。問題は、一度奪われた国産のシェアを取り戻すのは大変です。こうして外国産との価格競争による豚肉価格の低迷に耐えられない経営は撤退していきます。

口蹄疫の発生現場で対応にあたる

養豚開業獣医師協会では、農家の生産成績のベンチマークをおこなってきています。そのデータを見ると、口蹄疫と東日本大震災の影響で出荷頭数が減少しますが、その後、生産が伸びています。その後に流行性下痢が発生・拡大して、出荷頭数が激減します。その出荷頭数に販売価格が反映しています。

口蹄疫は、二〇一〇年に宮崎県で発生して大きく取り上げられました。口蹄疫とは、偶蹄目の動物が罹る病気で、足が腫れたり、口に水疱ができたりして、餌が食べられない状態になるため、生産性に大きな影響を与えると言われています。現代の畜産では品種改良が進んで生産性が高まっている一方、そうした動物ほど口蹄疫に罹りやすい罹患すると重症化しやすいと言われます。

例えばアフリカでは、在来種は口蹄疫に罹っていても餌を普通に食べられますが、海外からの援助で先進国から導入されたホルスタインはひどい症状を見せると言います。宮崎での口蹄疫の発症も、和牛飼養農家と酪農家では異なっていました。和牛のほうが強いということが見られました。そうした状況で、感染していても普段と変わらないように餌を食べている和牛を、殺処分せざるを得ない農家の感情もわかる気がします。

四月二〇日に発生確認のニュースが発表されましたが、前日には検体の検査結果が出ていました。実は、その前から怪しいという話はありました。私たちが当初、最も問題にしたのは現場で起きていることが、正しく県庁や霞ヶ関に届かないということでした。また、今回は国内では初めて豚に感染だったため、経験者がいなく、国にも県にも情報が決定的に不足していたことです。

私たち獣医師は、初発生の発端の段階から、いつでも宮崎には入れるように準備をし、派遣者のリストも作成していました。四月二六日に豚での発生が確認された時点で、現地に入るべきだという声が強く出ていました。豚は罹りにくいのですが、いったん感染すると、牛の千倍から二千倍の病原体（ウイルス）を排泄し防疫に影響が出ますので、豚に感染が認められた時点で、大きな問題になると思われました。五月三日にやっと県からの要請があって、現地に入ったのが五月四日でした。その段階で、すでに殺処分が追いつかず、現地は収拾の付かない状態だと、防疫に立ち会った関係者から聞いてはいましたが、霞ヶ関からの答えは「十分に足りている。殺処分も順調に進んでいる」というものでした。

五月三日には、一万頭以上の大規模農場で五例目が発生しました。この段階で県はかなり不安になったのだろうと思われますが、農水省は、発生地点が限定的であるなどの理由で、既存のペースで大丈夫だという見解でした。しかし、現地で防疫作業に従事している人たちから見ると、殺処分が大きく遅れている現状を目の当たりにし、他地域への拡大をたいへん危惧していました。対策として、発生地域を中心にしてリング状に囲んでしまうリング・ワクチンという方法があり、早い時期（豚に感染が確認された時）からわれわれも国に提案していましたが、国は、ワクチンを使用すると清浄国として認定されるまで時間がかかるという理由から、あくまでワクチンは最終的な手段と考えられていました。ワクチンを使用してもうまく終息しなかった韓国の例もあって、なかなか踏み切れなかったのかもしれません。

緊張感がなかったためか、防疫作業の現場でも非効率な部分が多く見られました。防疫作業員が作業終了後に農場内で使用したトラックで消毒もせずに自宅に退出することもあったようです。本来、殺処分された家畜を搬送したトラックはすべての殺処分が完了するまで当該農場から出ることはできませんが、そうした基本的なルールも守られていませんでした。発生件数が増加している中で、防疫作業の指揮・命令系統はなかったに等しかったのです。もっとも、農水省からの応援がきた五月一〇日以降には、そうした混乱も少しは改善されたようです。

我々が殺処分作業をしているとき、農家からいろいろな質問を受けました。まだ発生していない農場を抱える農家はたいへん不安に思っていますが、そうした様々な質問に対応できる窓口がありませんでした。そこで、我々は農政事務所の中に相談コーナーをつくりました。

五月一六日には、国の方針としてワクチン接種が決定されましたが、われわれが提案したリング方式ではなく、恣意的なエリア設定がなされました。五月二五日には、発生が二〇〇件を超えました。六月上旬には、豚農場の殺処分が順調に進んできたため、われわれの応援をいったん終了していたのですが、農水大臣からの要請で再度の応援に出かけました。

感染畜処分の判断誤りで被害拡大

宮崎県は二〇〇〇年にも口蹄疫の発生を経験していますが、そのときは数件の発生ですみました。病原性も弱かったことから、早期に終息できましたが、極めて運が良かったのだと言っていいと思います。その経験から、二〇一〇年の発生を楽観的に捉えていたのかもしれません。当時は、県が県産の農畜産物のＰＲに一生懸命だったため、風評被害を避けたいという思いもあったと思われます。しかし、発生の報告が遅れたことが、被害をより大きくしました。異常を察知した獣医が四月七日の段階で家畜保健所に連絡し、家畜保健所は九日に立ち入りしましたが、前回発生の経験からそれほど重要視しませんでした。その後、発生報告までの一〇日間がとても重要でした。その間、感染牛に多くの人や動物が接触し、感染を拡大する可能性は小さくありません。病気の重大性についての理解が足りなかったと思われます。

口蹄疫は風によっても伝搬することが報告されています。イギリスで発生した口蹄疫はドーバー海峡を渡ったと見られています。日本での発生については、疫学的に発生源を特定できていないことから、風による伝搬も否定できません。豚の場合、口蹄疫の潜伏期間は一〇日程度ですが、発生時期の前後の風向などを調べてみると、ある程度の因果関係が見られました。

発生頭数と殺処分頭数の推移を見ると、殺処分が追いついていなかったのがよくわかります。処分が追いつかなければ、大量のウィルスが地域に充満していたことになります。それでも、作業は十分間に合っているという認識だったのです。一時は、六万頭余りの感染畜が処分されずにいたことがあったのです。もっと早い段階で防御帯を設けることができていれば、あれほど、多くの殺処分をすることにはならなかったのではないかと思っています。川南町で殺処分されたのが最も多くて、約一六万七五〇〇頭。人口が一万六〇〇〇人の町で、それだけの家畜が処分されたのです。

発生地域の獣医さんは、発生したら日常業務はほとんどできません。国や県は、普段から、防疫に即応できる体制をつくっておけば、もっと早い対応ができたと思います。われわれも地元の獣医さんたちを応援しましたが、それだけでは足りません。

問題は県にもありましたし、国にもあったと思います。特に、県産の畜産物への風評被害をおそれるあまり、早期の対策を躊躇した当時の県知事の責任は、大きいものがあります。また、先ほども触れましたが、過去に経験した口蹄疫の被害が幸いにも小さくて済んだことです。国と県は、互いの面子を気にして、足並みを揃えられず、県内だけの対応にこだわろうとしました。さらに、海外を含めて、広く情報を求める姿勢が欲しかったと思います。

そもそも国家防疫は、国が主導しておこなうべきだと考えますが、現在の家畜伝染病予防法では、法定委託事務として県に権限が移譲されています。国に指揮権がないことから、ギクシャクした関係が国と県にあるような気がします。しかし、法律の中で、重要な疾病として上げられているものについては、国が主導しなければ、同様なことは、今後も起こるのではないかと思います。

感染が確認され、口蹄疫対策を検討する委員会が何度も開かれましたが、われわれ獣医師は参加できませんでした。しかし、官と学だけでは、限界があるのではないか。やはり、関わるすべての人たちの情報を集約したうえで、対策を取っていくべきです。

一足先に口蹄疫を経験した韓国の研究者から、同時多発に関しての指摘を受けました。宮崎だけではなく、仮に、北海道、群馬でも発生したらどうなるでしょうか。先進国では、そこまで想定して、常時から対策をとっています。特に韓国では、バイオテロが念頭にあることから、国家防疫体制を敷いています。日本も国家防疫としての体制を早急に整えるべきだと考えます。

わが国の畜産発展に養豚獣医の役割

ヨーロッパの先進国に比べると、わが国の畜産の力はかなり差を開けられています。生産性を高めていくには、現在、県単位でおこなわれている系統造成事業ではなく、国家事業としておこなっていくべきだと思います。その一方で、種苗法が廃止されてしまうと、これからの育種改良の行方が心配です。家畜の能力を上げていかなければ、競争についていけなくなると思われます。

養豚の場合、生産システムの革新は日進月歩です。世界中に、生産性の高い技術情報があふれています。そうした技術を、各経営にどう利用することができるのか、それを支援するのも養豚獣医の役割だと思います。きちんとした情報提供をおこなっていくことです。同時に、生産者にも意識改革をしていただかなければなりません。そのためにも、われわれも連携を強化していきたいと思っています。

世界の養豚先進国では、獣医と、衛生管理契約を結ぶことを義務づけているところが多くなっています。特に、耐性菌に関して養豚場が注目され、獣医と現場を結びつけていく形が求められています。家畜伝染病予防法の中の飼養衛生管理基準では管理獣医師の必要性が明示されていますが、それは、飼養豚数の多い大規模農場であり、その割合は全体の一六%程度に過ぎません。小規模でも、われわれのクライアントのように管理獣医師を置いている農場もありますが、まだまだほんの僅かです。これをもっと拡大していくことが、国産豚肉への安全と信頼を勝ち取るために、そして薬剤耐性菌対策にも必要なことだと思っています。

家畜の病気の流行を見ていくと、ひとつのパターンが見えてきます。飼養規模の拡大が進むと、新たな繁殖用の豚が必要になります。そうすると、海外から優秀な種豚を導入します。もちろん動物検疫がおこなわれていますが、未知の疾病は見逃されてしまいます。そうして、疾病が増えます。これまでも多くの病気が入ってきていますが、殺処分による口蹄疫を除けば、多くの疾病がワクチンによって駆逐または影響を軽減されてきています。これは、生産者の理解と努力によるものです。しかし、病気は増える一方で、しかも複雑化してきています。一つの病気を克服したからといって、必ずしも喜べないという状況です。

治療より通常の生産システムの仕事

日本の養豚産業は、当初は、行政や薬剤や飼料メーカーの獣医が指導してきました。開業獣医は、難産の時など基本的には個体診療でした。一九七〇年代以降、養豚自体が変化していく中で、ワクチン利用が盛んに進められていき、さらに飼養規模が大きくなるにつれ、個体対応では、疾病をコントロールするのが難しくなってきました。そこで、群単位で病気を出さないために獣医に何ができるかということに変わってきました。そうした動きの中で、平成一二年に養豚の中に初めて管理獣医師が出てきました。それまでは、獣医の中でも養豚獣医は非常にマイナーな存在でした。最近やっと、養豚獣医を目指す学生も見られるようになりました。

私のクリニックでは、若い獣医の研修をおこなってきていますが、獣医の生活基盤はまだまだ弱くて、順調に開業までこぎつけるとは限りません。やはり、獣医が生活していけるだけのシステムをつくらなければいけないと思います。

開業獣医には、地域に密着して業務をおこなっている人もいますし、私どものように広域的に活動している人もいます。開業している人のほかにも、農場など生産現場に勤務獣医として働く人、農業共済、公務員、製薬会社など民間企業獣医師がいます。最近では、経営を含めてコンサルタントとして活動する形が出てきており、まだ例は少ないですが、今後増えてくる可能性があります。

二〇〇八年七月、農水省の発表によると、養豚の獣医師の必要数が二六〇人、一人当たり年間三〇〇戸、三万七〇〇〇頭となっています。当時の飼養頭数でのことですので、飼養戸数が減少している現在は、一六一人ということになります。

当時の獣医師の仕事というのはワクチン接種が主だったので、そこから必要人数を割り出していると思われます。しかし現在は、われわれ獣医師の管理下で、農場の人がワクチンを打つという形ですので、それほどの人数は要らないのではないかと思われます。養豚獣医師の業務内容は、非常に多岐にわたるので、個々の農場の要望に応えるには、それなりの人数が必要だという意見もあります。海外の養豚先進国の例を見ると、人数そのものは、少なくても済むのではないでしょうか。治療やワクチン接種といった業務よりも、通常の生産システムを動かしていく仕事を、これからの獣医はしていかなければいけないと思います。病気を可能な限りコントロールして、最終的に清浄化させていくのが、これからの養豚のあり方だろうと考えます。

国はGAPを盛んに進めていますが、私としては、HACCPのほうが農場のためになると考えています。GAPは、基本的に規格認証であり、行動規範をチェックするものです。

一方、HACCPはマネジメントシステムですので、農家自身を成長させるためのシステムです。そのような性格の違いを認識すれば、安易にGAPに飛び付かないほうが良いのではないかとも思っています。

耐性菌も、非常に重要な問題です。個々の抗生物質使用との因果関係は、必ずしも明らかではありませんが、使用総量を減らせば、耐性菌も減るのは確かですので、使用を控えるための努力をしていかなければなりません。消費者の信頼を得るためにも、取り組んでいくべきです。

薬剤耐性菌に関するモニタリング調査に関しては、日本は世界でも優れていますので、これをもっと活用していくべきです。こうした調査も、薬剤量の把握を販売量でなく実際の使用量でできるようにするなど、改善も必要です。ただし、われわれの調査によると、例えばカナダに比べて、日本の使用量は少ないようです。

指示書は、動物用医薬品の使用に必要な制度ですが、必ずしも適正に運用できてはいないようです。例えば、決算で良好な数字が出ているので、次期の分の薬剤を買っておくということがあります。それが全体の使用量を押し上げるとは思えませんが、そうした部分は、きちん正していかなければなりません。また、家畜伝染病予防法に定められている飼養衛生管理基準を厳格に守るよう指導するには、獣医はまだまだ足らないかもしれません。獣医の総量は適正かもしれませんが、やはり偏りはあると感じられます。

二〇二〇年東京オリンピック・パラリンピックでの調達基準に、ＧＡＰが取り入れられましたし、ＯＩＥ（国際獣疫事務局）でも規格コードを準備しているように、いろいろな国際規格が導入されようとしています。いずれにしても、調達基準などに導入されれば対応せざるをえないわけですが、日本の風土気候とマッチすればいいですが、必ずしも乾燥した大陸型のヨーロッパの規格がそのまま導入されることがふさわしいかどうかは、よく検討されなければならないと思います。

（おおい　むねたか）

〈質　疑〉

――獣医の全体数は足りているが、偏りがあるというのは、ペットなど小動物に偏っているということでしょうか。また、例えば管理衛生契約のような形が増えていけば、養豚獣医の生活基盤も安定していくのでしょうか。

大井　養豚に関わる獣医は、その関わり方が多岐にわたるので、全体数を把握するのは困難です。例えば、われわれの団体には三五名が加盟しておりますが、養豚だけに関わっているのは三名しかいません。同時に牛や小動物も扱っている獣医がほとんどです。養豚の管理獣医師というものにはビジネスモデルがないため、なかなか業務として確立できていません。

従って、薬を処方し、薬を農場に提供することで、薬剤費の差益を収入源として経営を成り立たせている獣医は少なくないと思います。本来は、技術や情報提供だけで生活できるのが望ましいですが、それでは生活できないという状況です。ただし、耕種に比べて、畜産は情報に金を出す、つまり十分ではありませんがコンサルタントを活用している分野だとは思います。

獣医の偏在に関しては、まず国の部分から変えていかないと、全体は変わっていかないと思います。公務員、例えば、国の獣医師は国家防疫にのみ関わり、慢性疾病については民間主体で農家の対応に任せればいいのではないでしょうか。現在は民間防疫（一般的な疾病対応）

にも公務員が関わるな事業があったりするので、そのように、仕組みや業務の見直しも考えるべきです。

――例えばオランダでは、一頭の母豚から年間三〇頭以上生産できますが、日本では二〇頭程度です。この差は埋められるのでしょうか。

大井　日本人の豚肉に対する嗜好は海外とは少し違っていると思います。それだけに、日本の豚肉は美味しい。日本人は、解剖学的にも、味蕾の数が多く、味覚に敏感な民族だと言われています。

また、日本各地に優れた血統がまだ残っています。昭和五八年以降の優れた種雄豚の血液を凍結保存しています。ずっと続けていますが、いつか利用できる時期がくるのではないかと考えています。こうした優秀な血統はほかにも未だ残っていると思いますので、日本中でそれを発掘して、日本人の味覚に合った豚をつくっていくことが必要だと思っています。そうした素材は日本にまだまだあると思います。

そうした仕事もしていきたいと考えております。繁殖性や産肉性など、国や県だけでなく民間にも優秀な血統は残っていると思います。

――畜産では、抗生物質がどのくらい使われているのでしょうか。薬剤耐性菌の問題を考えると、どのように安全で安心な畜産物を供給していけばいいとお考えでしょうか。

大井　安全・安心な畜産物を供給するためには、使用する薬剤を含めて、やはりきちんと管理することが大切です。動物用の抗生物質は指示書での流通が多いのですが、指示書によって適正に扱われているということが、それまでの国の姿勢でした。しかし、薬剤耐性菌対策のアクションプランを策定するにあたって、まず指示書の適正化が進められています。それによって、必要以上の使用を抑えることが狙いです。これは、不適正な指示書によって不必要な使用があったということでもあります。過去の指示書を適正なものに修正していくためにも、指示書の電子化が役立つのではないでしょうか。

──　餌に抗生物質が混合され、その畜産物を食べたヒトに薬剤耐性菌が移り、ヒトの病気にも抗生物質が効かなくなるということはないのでしょうか。

大井　そのような単純な構造ではないと思いますし、そもそも畜産物に残留するような薬剤の使用はおこなわれません。病気予防を目的に飼料に抗菌剤が添加物として混入されている場合はありますが、特にヒトに使われる薬剤は高価でもあるので、コスト面でも家畜に使われることは多くありません。

また、家畜に使われる抗菌剤は、ヒトに使われていないものがほとんどですので、仮に畜産物に残留してヒトに入ったとしても、ヒトでの薬剤耐性に影響はないのではないでしょうか。

――畜産物からヒトへ入るということがないということは、家畜において薬剤耐性が起きるということが問題になっているのですか。

大井　畜産物からヒトへ入ることが無い訳ではありませんが、家畜から直接ヒトへのリスクは少ないと思います。例えばヒトの食中毒の原因の多くはカンピロバクターですが、豚での耐性菌発生は非常に少ないし、その豚肉が食中毒の原因になることもありません。薬剤耐性菌の問題は畜種によって異なるようです。

また、細菌が薬剤耐性を獲得する方法はいく通りかあり、獲得過程の中で、様々な耐性が出てきます。例えば、ペニシリンが発見されたときには、すでにペニシリン耐性の菌があったと言います。ただし、お話ししたように、畜産で使われる抗菌剤の総量が減ると、確実に耐性率も減少するという報告がありますので、まったく関係がないとは言えません。薬剤耐性の問題では、むしろヒトより畜産分野での対応のほうが進んでいるのではないでしょうか。

――抗生物質の販売量と食肉の生産量の比率を計算してみると、日本とアメリカでは、アメリカは日本の倍くらいの値が出ました。この場合は、特に牛の成長促進剤として使用されているのではないかと考えられます。豚の場合は、成長促進剤としての抗生物質の利用はおこなわれているのでしょうか。

大井　豚の場合、子豚の段階で、抗菌性飼料添加物に指定された物を使います。そのほとんどが飼料の有効利用による成長促進を目的としていますが、添加量は微量ですし、給与期間も短く法律で使用量と使用期間が決められていますので、これによる成長促進効果というのは、長い肥育期間の中で、それほど影響するものとは思えません。

例えば、豚の飼料添加物指定からコリスチンが外されようとされていますが、その影響についてはまったくわかっていません。成長促進の目的で使われている抗菌剤は、それほど多くはありません。成長ホルモン剤を使えば、たしかに飼料効率は上がるかもしれません。しかし、日本の養豚は、飼養管理を工夫することで、飼料効率を大きく高めてきています。ホルモン剤に依存することなく、効率的な飼養が実現できているのです。

もし日本で、成長ホルモン剤が解禁されたとしても、多くの農家は使用しないことを選択するのではないでしょうか。日本の養豚は、それだけの自信を持っていると思います。

（二〇一七・八・三〇）

社会のために獣医師にできること

犬山動物総合医療センター代表　太田　函慈

皆さん、今晩は。今日はお呼びいただきまして、どうもありがとうございます。

私は、四〇年以上ペットなど小動物の仕事に携わってまいりました。今日は、社会のために開業獣医師にできること、そして小動物医療の現状と課題について、お話をさせていただきます。小動物の業界について、少しでも知っていただけたらと思います。

ちなみに、「Team HOPE」は、「Healthcare Organization for Pets」を略したものですが、ペットもヒトと同様に高齢化してきている中で、何かできることはないかと私たちで始めた組織です。

私は、昭和二九年生まれですので、そろそろリタイアする時期になってきています。私の病院では、三年前に院長を交代し、今は代表というかたちになっています。愛知県犬山市で動物病院をやっております。動物が大好きでこの仕事を始めて、今はマネジメントもいたしますが、外科を主に担当しています。ヒトと同じように、小動物医療でも様々なことがおこなわれるようになってきていますので、私もいろいろな所で教育を受けにいくこともあります。先日もアメリカで外科の実習をしてきました。日本はアジアでは一番かもしれませんが、まだ欧米が、一歩進んでいるところがあります。そうした所で技術を確認するために、年に数回研修をおこなっています。

現在は、北京農学院で客員教授をし、日本の様々な大学でも客員教授あるいは非常勤で教育に携わっています。大学では、獣医学のことや関連する仕事についての話題などについて話をしています。

私どもの犬山動物総合医療センターは、本院、アニマルケアセンター、はなみずき動物病院、そしてファミリープラクティス犬山からなっています。一つの病院としては、日本でも大きな施設だと思います。

一般的な動物病院の形態は、獣医さんが一人でやっているところが全体の七割くらいです。私どもの病院は、本院で二六名、分院で三名おりますが、一〇名以上の獣医のいる所は、全国で一一〇〇〇近くある病院の中で二%くらいしかありません。最近では、中型から大型の動物病院、チェーン展開する病院も出てきています。アメリカでは大資本が大きな病院を持っていて、さらに合併が進み、一つの企業体が一〇〇〇もの病院を持つまでになっています。また、大学病院に匹敵するような高度医療を提供する二次診療施設もできています。

一方、ヒトの医療と動物医療の違いは、第一に、獣医さんは全部の業務をこなさなくてはならないことです。獣医療においても、看護師資格があればいいのですが、創設するにはハードルが高く、まだ実現できていません。

稼業から家業へ、そして事業へ

われわれ獣医師の社会的役割は、例えば臨床では、大型動物の獣医師は飼育動物のよりよい環境をつくること、いわゆる人間の食の安全を守ることです。小動物の獣医師は、病気の予防や治療など、動物に関わる様々な活動をして、動物が大好きな人たちが幸せになるようにすることです。

最近では、いろいろ珍しいペットが現れましたが、私たちの病院では三五〇～四〇〇くらいの症例、年間で一五万頭くらいの小動物を診ますが、その五割が犬、猫が三割、残りは実に様々な動物です。そうした珍しい動物はとてもわかりにくいものです。今では珍しくなくなったフェレットも二〇年前初めて診たときには、まったく文献もなく困った経験があります。

病気の治療には、一次診療と二次診療があり、一次診療は視診、触診、聴診が基本で、それで七割の病気はわかりますが、それでもわからないときは、血液検査、レントゲン、エコー、CT検査などをおこなって病気を見つけ、その処置をおこなうことになります。二次診療は、施設が必要になるので、大学病院などの特別な施設で、専門の獣医がチームで診療をおこないます。

動物病院でも、「稼業から家業へ、そして事業へ」という言葉が当てはまると思います。私たちが獣医になったときは、まさに生計を立てるための稼業でした。それが、ノウハウを蓄積するにしたがって、自分の子どもや身内に継承する家業になりました。そして今の獣医さんは、従業員として一定の目的をもって継続して勤めている人が多いようです。欧米では、一定の収益を上げたら病院そのものを売却してしまうケースが多くなっています。

一方日本では、朝から晩まで働きづめで個人病院を大きくして、やっと余裕ができてきた頃には自分の体が思うように動かせなくなっているというような状況です。かつては、毎年一〇〇〇人くらいの新卒獣医がいましたが、今では三〇〇人程度しかいません。やはり、看護師などの役割分担ができるようにして、獣医医師の負担を少なくしていかなければならないと考えています。

そして、高いレベルの給料を提供するためには、稼業より家業であるべきであり、そして事業であるべきなのです。動物が増えていかない中に、今、動物病院は成熟期から衰退期に入ってきています。そこで、予防医療を推奨していかなければなりません。今までは、病気になってから病院に来ていましたが、これからは動物を病気にさせないようにすることが大切です。病院側もよりスタンダードな診療ができるようになることも大切です。

獣医師は、二〇一四年の段階で全国で三九〇〇〇人くらいで、そのうち開業医と思われるのは一万五〇〇〇くらいだといわれています。男女比を見ると、女性の割合が四五％くらいで、年々増えてきています。動物病院数は増加の一途をたどっていますが、一方、動物の飼育数は減少していることから、課題が見えてきます。こうした課題を解決していこうと活動しているのが、冒頭に紹介した「Team HOPE」で、現在会員が一〇〇〇名おりますが、徐々に増えてきています。

そうした環境の中で、動物病院を新規に開業することがなかなか難しいのですが、最近では、スーパーやショッピングセンターなどが一部のスペースを開業獣医に貸すケースが出てきています。それまでスーパーが自ら経営していたものが撤退して、設備をそのままに貸し出すという形です。中には、獣医師とスタッフを居抜きで買い取るケースも出ています。ちなみに、欧米では経営権のみを買って、土地・機材をレンタルするという形態が人気のようです。日本もそういう時代がくるのかもしれません。

ペットを飼ってみたいと考えたときに

一万一五〇〇という動物病院の数は、某社コンビニの数とほぼ同じだといわれています。歯科医院はとても多くて六万九〇〇〇くらいです。一軒当たりどのくらいの人が来ているかというと、コンビニが二〇〇〇人くらい、歯科医院で一八〇〇人、動物病院は一七二〇人というデータがあります。動物病院や歯科医院というのは、病気にならないと来ませんから、このように対象とする人数が少なくなっています。

そうした傾向の中で、予防医学に努めることが大事になってきました。私どもでは、ウィルスチェックを無料でおこなっています。私は、動物病院の本来の姿勢というのは、ペットを飼っていない人がペットを飼ってみたいと考えたときに、気軽に相談に来られる所になることだと思っています。これまでは、ペットショップに行ってペットを購入していましたが、獣医師が適切な指導することが大事だと思います。

ペットの飼育頭数の推移を見ると、ずいぶんと変わってきています。犬が減少して、猫が微増傾向にあるようです。そして、人と同様に、高齢化が進んでいます。犬や猫の平均寿命が一四歳〜一五歳とかなり伸びてきています。このようななか、獣医療が行うべきなのは、元気で長生きさせることだと考えます。例えば、食器や水入れの高さを変えて、高齢の犬に配慮することが求められます。また、犬でも肥満が問題になっています。人でもそうですが、脂肪に含まれるレクチンというホルモンが関節に悪影響を与えるという研究結果があります。もちろん、体重は足の関節に負担をかけます。そうして関節炎になる犬が非常に多くなっていて、生涯で八三％の犬が関節炎になるといわれています。やはりペットも、適正体重に保つ必要があるのです。

獣医療の発達によって、犬・猫の寿命は三〇年で二倍以上に伸びました。ＭＲＩやＣＴなどの診断技術も進んでいますし、私どもの病院では、ヘルニア手術などで再生医療もおこなっています。

特に私どもの病院の手術では、ライブカメラで手術の様子を見られるようにして、飼い主さんとの意思疎通をきちんとおこなうようにしています。

寿命が延びた要因のもう一つは、動物医薬とフードが進化したことです。かつては、人用の薬剤が使われていましたが、動物専用の薬剤が多く製造され、使用できるようになりました。そして、ペットフードの進化にはめざましいものがあります。また、予防接種の普及や九割近くが室内飼育されているということも、寿命延伸の要因です。

ペットの健康管理に自信のある人が多いものの、実際に病院を受診したタイミングではすでに手遅れのことが多いのも事実です。異変に気がついてから、半年以内に亡くなる場合が半分以上です。しっかり管理して、早期に発見して治療すれば、命は助かりますし、もちろん、費用も少なくてすみます。どんな体調変化があると、犬・猫を病院に連れて行くかというと、嘔吐や皮膚のトラブル、排尿が全くないときが非常に多いのですが、たとえば排尿の量がいつもと違うときや、体重の増加減少にはあまり気にしていないようです。

ペットの加齢速度は人間の四倍と言われますが、加齢の速度も小型犬と大型犬では違います。小型犬は一五歳でも元気ですが、大型犬は七歳を過ぎると急激に歳を取ります。高齢になると、病気の罹患率が上昇します。犬では腫瘍性疾患や循環器疾患、猫では泌尿器系疾患などが典型的ですが、病院を受診したときは、半分以上は手遅れです。健康診断の受診率は低く、定期的におこなっている人は、約一四％でしかありません。

求められる動物病院はどういうもの

それでは、求められる動物病院の姿とはどういうものでしょうか。

それを聞いてみると、笑顔で話しかけてくれるスタッフがいる、説明を十分してくれる、一般診療技術を持っている、という答が上位を占めます。良い病院のチェック項目として、以下のようなものがあります。電話対応が良く、かつ迅速であること。治療方法をわかりやすく説明してくれること。院内が清潔で雰囲気が良いこと。医療費の見積もりをおこなうこと。飼育相談に気軽に対応しているか。救急疾患に対して時間外に対応するか。転院やセカンドオピニオンに応じるか。こうした項目で、自分たちの病院を評価することにしています。

私は、物病院としてのボランティア活動を何十年も続けてきています。そこでは、様々な医療の現場と動物の橋渡しをする役目を担っています。たとえば、老人ホームなどへの訪問活動では、病院のスタッフと動物を連れて行きますが、普段高齢者と触れる機会がないことから、とても良い経験になります。保育園を訪問すると、子どもたちは大喜びですし、その際、動物に触れるときの注意をきちんと教えるようにしています。

例えば、ペットフードだけ買いたい、ちょっとだけ相談したい、あるいは初めて動物を飼う人にも、敷居を低くして、気軽に来られるようにしていかなければならないと思います。また、ペットロスへの対応も必要になってきました。ペットが亡くなると病気になる人がとても多い。ペットが突然亡くなると、飼い主はとても落ち込みます。入院していて亡くなると、家で最後を過ごさせたかったと後悔することもあります。終末医療とともにカウンセリングも大事になっています。そして、いつまでもペットのことを忘れないようにと、私どもでは年に一回、動物慰霊祭を開催し、六〇〇人以上の方が参加されます。

また、東京に近い所では、大学病院と開業医院がうまく連携しているようですが、地方では大学病院が少なく、距離もあります。私どもでは、地域の基幹病院になるべく、専門性を磨いております。地域医療の枠組みは、基幹病院を小さな病院が取り巻いているという形ですが、地方ではなかなかその通りにはいきません。

ペットの予防医療を社会活動として推進

「Team HOPE」運動の取り組みに参加する仲間が、やっと一〇〇〇に達しました。この運動の目的は、ペットを健康で美しく長生きさせることです。そのために、病気になる前に動物病院に来ていただいて、病気にさせないためにはどうすればいいか、それをペットのオーナーにしっかり知っていただくことに取り組みます。社会、ペットの家族、賛同動物病院が協力して、ペットの予防医療を推進します。来院しやすい環境と、受診しやすい予防医療を提供します。そうして、ペットの予防医療の必要性を社会活動として広く認知させるために活動をしています。ファミリープラクティス犬山は、そのために立ち上げた病院です。ここには、病気のペットが入ることはなく、予防医療やしつけ相談、リハビリに特化した施設です。三年経って、少し認知度があがって、皆さんに来ていただけるようになりました。

活動に賛同している全国の動物病院では、ペットの健康を飼い主がチェックするために、年に二回、ウェルネスチェックを無料でおこなっています。ペットの体調に興味を持ってもらうよう、標準化された独自のツールを作成して、提供しています。飼い主がチェックした後に、獣医師も一緒にチェックすることで、ペットの体調の変化に早く気付くことができます。その後で、健康診断をしたほうがいいでしょう。

私たちの取り組みで、最低限実施したら病気が見つかるだろうという全国統一の診断項目をつくりました。この診断データを集積して、今後さまざまな犬種、年齢別、地域性の分析ができるようにしたいと考えています。ＡＩも利用しながら、そうしたビッグデータを研究・臨床に繋げていけたらと思っています。この九月には、そのための組織を立ち上げるつもりでいます。

「Team HOPE」では、ペットにも、その飼い主家族にも、そして獣医師にも貢献する組織を目指しています。「ペットの健康寿命の延伸」という目標に向けて活動しながら、獣医師に対してはセミナー開催による情報共有や検診マニュアルの充実などのサポートもおこないます。
そして、一〇月一三日をペットの健康診断の日にしました。一三日から一週間、ウェルネスチェックキャンペーンを実施しています。全国の賛同動物病院で、チェックシートによる相談キャンペーンをおこなっていきます。一〇月四日には、東京・恵比寿でPRイベントを予定しています。決してもっと稼ぎたいということではなくて、自分たちが獣医師になったときの思いに立ち返って、活動していきたいという強い思いからです。
私たち動物病院の業界も、これまで以上に皆さんにご理解いただいて、伸びていけるように頑張っていこうと思っております。

（おおた　じょうじ）

〈質　疑〉

――世間ではペットブームと言われていますが、ペットの飼育頭数は全体的に漸減傾向のようです。それはなぜでしょうか。

太田　飼育頭数が減少している要因には様々なものがあると思います。一つには、家庭を初めとした飼育環境の面から、ペットを飼うことが難しくなってきていることもあるでしょう。経済的な問題もあるでしょう。そして一方では、相当な数の動物が処分されています。自分の病院の様子を見ていると、必ずしも減少しているとは感じられないのですが、実際には、特に子犬の販売は少なくなっているようです。購入せずに、自分たちで雑種犬を繁殖させているという場合も多いようですので、実際に飼われている数は、それほど減ってはいないのかもしれません。昔に比べて、世帯構成が変わったり、住宅環境も変わってきているので、特に大型犬の減少は顕著です。

――　ペットの数は減っている一方で、動物病院の数は増えているようです。それでも、獣医学部を卒業してもなかなか仕事に就けないという現状もあるようです。そうした現状の中での獣医教育については、どうお考えでしょうか。

太田　私はいくつかの大学で教えていますが、最近の学生はとても優秀です。また大学では、近い将来、インターンシップに似たカリキュラムが導入されますので、欧米の獣医教育に遜色はないと思います。しかし、動物病院の初任給は大学卒業までにかかる費用に比べれば低いですし、勤務時間も長い。そうした環境を整えることがまず必要でしょう。

――　犬山市自体はそう人口の多い都市ではないと思いますが、そこに大規模な病院を開設したのは、全県をカバーすることも意識されて始めたのでしょうか。

太田　そもそもは、妻の両親が地元で豚などの産業動物の獣医をしていました。そこに私が入って、小動物を始めましたが、最初はまったくクライアントがいなかったものですから、往診をして、クライアントを増やしていきました。給料も出ないような、苦しい時代も長くありました。動物病院がなんとか経営できるようになったのは、この二〇年くらいでしょうか。特色を出して、力を付けていき、ある程度成長すると、皆さんに信頼されるようになって、愛知県だけではなく、全国からクライアントがきてくれるようになりました。

もちろん、採算が採れなければやっていけません。動物病院の診療費は決まってはいませんが、リーズナブルな価格で提供することに努めています。ただ、日本の動物病院にはまだ専門医制度がありませんので、そうした制度も整備していく必要があると思っています。

――　質の高い獣医師が必要だということから、新規の獣医学部が必要だという議論もありました。獣医療の現場から見ると、新しい獣医学部は必要なのでしょうか。

太田　私は、加計問題にはまったく関わっていませんし、コメントする立場にもありません。新たに獣医学部ができれば、獣医になりたい学生はたくさんいますので、学生は集まるでしょう。

ただ、先ほども言ったように今の学生はとても優秀ですので、教育者がどうであれ、あまり関係はない。新たに獣医学部ができれば、他の大学に教育者が足りなくなるという議論があるようですが、現実には、今でもポストがなくて困っている人材はたくさんいます。産業動物の分野でも同じではないでしょうか。現場から見ると、少なくとも教育レベルがどうこうという話ではないと思います。

――アメリカの事情にもお詳しいようですが、日本との違いはどのようなところでしょうか。また、ペットの感染症について、特に抗生物質が効きにくくなっていることの問題についてはは、どうお考えですか。

太田　かつては五〇年くらいの差がありましたが、今ではほとんど差はありません。それでも研修に行くのは、私の場合、外科の実習に行くことが多いのです。アメリカには、実際の遺体を使って実習ができる施設がありますが、日本にはありません。さらに、指導者のスキルがしっかりしているため、細かい部分にまでしっかり指導してもらえます。アジアの中でも、最近ではタイや韓国、中国の獣医療が伸びてきています。日本はいつまでもアジアで一番ではいられなくなっています。

人畜共通の感染症はたくさんあります。マダニ、Q熱、日本脳炎など数多くあり、最近では、レプトスピラで人が亡くなっています。特にリケッチア、クラミジアなど鳥から感染する病気はわかりにくく、注意が必要です。これらの感染症には、獣医が感染することも多い。また、動物に限らず、抗生物質の使い過ぎには注意が必要です。使い過ぎることで、耐性菌が出現して、薬が効かなくなっている。次々と次世代の抗生物質が出てきて、イタチごっこです。最近では、ステロイドなどの抗生剤を安易に使わないように、少し変わってきていま す。使い放題だったヒトの医療でも変わってきましたし、私たち動物医療も変わっていかなければならないと思います。

―― ペットと人間との関係において、一緒に暮らすこと、は生活の上ではどんな効果があるのでしょうか。アジア諸国においても、ペットに対する考え方に変化があるのではないかと思います。

太田 ペットと暮らすことによる効果の第一は、やはり癒しでしょう。血圧が落ち着いたり、下がったりというリラックス効果もあるようです。いろいろな所へ訪問活動に行きますが、その時に犬を連れて行くと、良いことがたくさんあります。自閉症の子どもたちは、少しずつ会話するようになりましたし、お年寄りも、たいへん喜びます。もちろん、サポートも必要ですが、そこから得るものはたいへん大きい。

アニマル・アシステッド・セラピー（動物介在療法）は人を対象にする活動で、完治すれば活動は終わりますが、私たちがおこなっているのは、アニマル・アシステッド・アクティビティー（動物介在活動）といい、それには終わりがありません。

動物の市民権がしっかりあるという意味では、欧米のほうが進んでいると言えます。補助犬や盲導犬はどこにも入れますが、日本では、そうはなっていません。例えばヨーロッパには、犬のしつけに公的補助が用意されていたり、ちょっとした公園には、必ずドッグランがあります。これは私見ですが、農耕民族と狩猟民族で、動物と暮らす歴史が違うからかもしれません。安楽死に対する考え方もずいぶん違うようです。

――日本では、動物愛護法が唯一の法体系だと思いますが、特にヨーロッパと比べて、どうでしょうか。

太田　例えば盲導犬は、いろいろな施設に入ることができることになってはいますが、実際には受け入れられているとは言えません。法制度があっても、あまり機能していないのです。やはり環境づくりが、大事なのではないでしょうか。動物愛護法はもっと活用すべきです。

――紹介していただいた病院施設には、先進的なものも導入されているようです。利用するクライアントの負担も、かなりのものになるのではないでしょうか。

太田　ペットには、民間の保険がいくつかありますが、いずれも高い保険料がかかりますので、加入している飼い主はそう多くはありません。それを活用することによって高度な医療を受けることができますが、例えば心臓手術には、一〇〇万円以上かかります。それだけの費用が払える人は、ほんの僅かです。ペットへのお金のかけ方には、経済状況が顕著に表れます。どちらかと言えば、ペットを飼っているのは、中間所得層の人たちだと思われます。だからこそ、私はリーズナブルな価格で提供することに努めているのです。

――ペットに、公的な保険制度は必要ありませんか。

太田 生まれながらに動物が嫌いな人はいません。その後の生活環境によって、動物が嫌いになってくる人もいるかもしれません。国民の太宗がペット好きであれば、公的な保険制度もできるでしょうが、現状では無理でしょう。

――事情があって、飼っていたペットの処分を依頼されたことはありますか。

太田 昔はそうしたことがあったようですが、現在ではありません。もっとも、保健所にもっていく人はいるようです。私たちは、ペットを処分したいという人がいれば、いったん預かって、欲しい人に譲渡する活動をしています。保健所でも、譲渡会で引き受け手を探しますが、すべてペットが貰われていくわけではありません。昔は、動物病院の前に、捨て犬や捨て猫をしていく人がいましたが、今ではそういうこともなくなりました。ファッション感覚で飼っていたペットに飽きた、あるいは病気になったので困って手放す、というケースもありました。

そうしたことへの対応も、「Team HOPE」でおこなっています。このメンバーのステッカーが張ってある動物病院であれば、飼い主さんが安心して相談できるというふうに、ブランド化していければと思っています。

――「Team HOPE」以外に、獣医師の団体には、ほかにどのようなものがあるのでしょうか。政治団体などもありますか。

太田　個人事業主なので、どちらかと言えば、獣医師には仲間をつくりたがらない人が多いかもしれません。獣医師会はありますが、お互いにライバルです。「Team HOPE」の活動も、本来は獣医師会がおこなうべきものかもしれません。しかし、個人で始めたほうがフットワークがいい。活動にはかなりの費用がかかりますが、たまたまメーカーの人たちが応援してくれました。

（二〇一七・九・一二）

国際的視点から見た獣医師のあり方と役割

千葉科学大学　教授　吉川　泰弘

これまで獣医学教育の改革運動に携わってきましたが、獣医の教育について、なかなか理解していただけないことがありました。それは、一緒にやってきた医学や薬学の先生方でも同じでした。私たちが常識だと思っていたことが、必ずしもそうでないようなこともあります。六年制の獣医学部にしたときもそうですし、今の教育改革では、コア・カリキュラムと専門のアドバンス教育を導入したときもそうでした。それだけに、一般の人たちにとっては、なかなか理解できないのではないかと思っています。

獣医師の教育に関しては、ヨーロッパとアメリカにはそれぞれ獣医学教育の基準がありますし、国際機関ＯＩＥ（国際獣疫事務局）にも国際基準があります。それぞれ、歴史背景をもっていますが、日本は果たしてどういう方向に行くべきか、といったことについてお話しようと思います。

ヒト以外の動物はすべて獣医学の範囲になります。エビ・カニを含む魚介類、哺乳動物が含まれます。それぞれの動物の形態と機能、臓器、組織、器官について把握します。例えば、鳥は飛ぶために気嚢を大きくして、臓器の構造を変えています。それについては、ヒトと同様に考えることができる場合と、そうでない場合とがあります。そうした機能を調べるために、解剖し、生理、あるいは遺伝性を検討します。

臨床では、異常個体が問題となり、病気の理由を調べるのが病理ですし、感染症であれば微生物あるいは寄生虫について検討します。宿主に関しては、生体防御や免疫などについて検討します。それらを診断、予防・治療するために臨床行動があり、そこで使用する薬については薬理で検討します。薬の有効性や安全性を見るためには、実験動物あるいは毒性学で調べます。獣医学全体は、そうした学問体系で成り立っています。

これらは基本的には、各個体に対するアプローチであり、獣医は基本的に家畜であり、群れで飼われる個体群を扱うことになります。したがって個体対応と同時に、群れとして、どう健康を維持するが大きな課題になります。そこで登場するのが疫学、動物衛生学であり、家畜の感染症や疾病を研究します。こうした範囲が、動物を相手にする獣医の学問範囲と言えます。

それだけではなくて、ヒトとの関わりが出てきますので、公衆衛生、食品衛生、環境衛生そして人獣共通感染症も獣医学の対象になります。ヒトだけを対象とする医学に比べると、獣医学は広い範囲をカバーしなければなりません。

獣医の教育分野は、大きく、ライフサイエンス、公共獣医事、獣医臨床分野に分けられますが、医学部などと比べて、獣医学の最大の特徴は、動物個体の特性を生かした基礎生命科学研究領域であるということです。例えば創薬研究においては、トランスレーショナル・リサーチが取り入れられています。これは、遺伝子や細胞を用いた基礎研究の成果を、動物個体を用いて検証し、臨床研究に発展させる研究であり、「橋渡し研究」とも呼ばれます。ヒトを含めた比較動物科学に基づく、ワクチンや診断薬、疾病予防・治療薬などの開発にも及びます。

公共獣医事は、多くの問題を抱えている分野でもあります。グローバル化の進展により、国境を越える人や物資の交流が盛んになり、家畜の感染症や人獣共通感染症が増加しています。口蹄疫やインフルエンザもかつては、数十年ぶりの発生などと言われたものですが、近年では、数年も経たない内に発生が見られるようになっています。鳥インフルエンザの場合、二〇〇五年に九〇年ぶりに発生したものが、二〇一〇年、一一年、一六年にもウィルスが確認されています。サーズ、マーズ。エボラ熱といった人畜共通感染症にしても同様です。それらの発生防御やまん延防止、危機管理が獣医の役目になっています。また、人口増加に対応する食料の安定供給、食の安全確保、環境保全も獣医学の分野です。とくに最近、この分野でのニーズが高まってきています。

獣医臨床分野においては、新しい問題が出てきています。人は今や超高齢社会に入り、伴侶動物の長寿命化が進んだため、繁殖年齢が過ぎても十分長く生きるという、動物としては珍しい存在になってきました。決して悪いことではないのですが、同時に、多くの生活習慣病や加齢性疾患、慢性感染症などが、ヒトと伴侶動物に共通した問題になってきました。Ｏｎｅ Ｍｅｄｉｃｉｎｅというのは、医療も獣医療も予防・診断・治療などのツールや目的は同じであるということです。ヒトと同じ生活環境で過ごし、同じような疾病構造をもつ、実験動物ではなく自然発症の伴侶動物を用いて、医学や薬学と連携して、新しい医薬品や医療技術の開発・研究を進めることが求められてきており、最近国際的に、この分野が注目されています。以上のような、それぞれの分野で研究が進められてきました。

家畜の感染症を制御、撲滅は獣医学の課題

ライフサイエンス研究は、生化学から分子生物学、遺伝子工学、ゲノム科学、ポストゲノムへと進んできました。その変遷をノーベル生理学・医学賞で見てみましょう。第一回は一九〇一年にジフテリアに対する血清療法の研究で、ベーリングが受賞しています。その後毎年のように受賞者がありますが、五〇回くらいまでは、動物を使わない実験が多かったものの、その後は多くが動物実験に基づいた成果で受賞しています。最近では、山中先生、大村先生、大隅先生が受賞しています

が、酵母を使った大隅先生以外は、動物実験が関わっています。五〇年近く前、私が大学院の時には、まだイメージ上でしかなかったＤＮＡそのものを目の当たりにして驚いたことを覚えています。現在では、この分野の研究は、一〇年サイクルで急速に次のステージに入っていきます。当然獣医学においても、こうした動きへの対応が求められてきました。

公共獣医事分野における最大の課題は、食料の供給です。途上国の人口増を背景に、世界の人口は激的に増加し、二〇二五年には八〇億人になろうとしています。動物タンパク質の供給源として最も大きいのは家畜ですが、二〇〇八年には世界で二一〇億頭の家畜が飼育され、六〇億人の人口を養っていました。

一方、動物性タンパク質の需要は、二〇一〇年三億トン、二〇四〇年には五億トンだと言われています。食肉を増産するため、第一に飼養効率の良い家畜に依存を強めることが考えられます。例えば、牛で一キロの肉を生産するのに一〇キロの飼料を必要とする場合を一とすると、豚は一・六〜一・九、鶏は三・二〜三・四となります。家畜の飼料と人間の食料では重複する部分も多くあることから、そうした飼養効率の良い家畜生産が進んでいます。牛肉生産は年間約六〇〇〇万トンから余り伸びていませんが、鶏肉は一億トンを超えて増加を続けています。

加えて、動物福祉や飼育環境の改善、さらに感染症をコントロールすることによって、人口増による食肉需要増に対応していこうと考えられています。

家畜の感染症の制御と撲滅は、国際的な利益になるとともに、次世代の利益にもなります。OIE（国際獣疫事務局）では、非常に深刻で、急速に広がり、国境に関係なく伝播し、社会経済・公衆衛生にとって深刻な影響を与える伝染病であり、家畜、畜産品の国際貿易にとって脅威となる感染症として、口蹄疫、高病原性鳥インフルエンザなど多くの病気が決められています。

そうした病気を完全に封じ込めるのは難しく、例えば、口蹄疫は二〇一〇年に日本でも発生しましたが、日本では撲滅して幸いなことにその後の発生は見られていませんが、台湾と韓国は撲滅できずワクチンで対応せざるをえませんでした。また、昨年の高病原性鳥インフルエンザの世界分布を見ると、全ての大陸が巻き込まれているのがわかります。今後も、減少するとは思えない家畜感染症を、各国で協力して封じ込めていくことは獣医学の大きな課題です。

ヒトへの感染症のほとんどが動物由来

人への動物性タンパク質の供給源として、魚類も重要です。特に養殖魚類の生産の増加は著しく、二〇一二年には、養殖業の生産が初めて牛肉を上回り六六〇〇万トンになりました。捕獲魚と合わせて、魚類は一・二億トンになりますが、さらに養殖魚生産を増やして一・六億トンにまで延ばさなければ、食料は足りなくなるだろうと言われています。

人獣共通感染症も重要な問題です。最近五〇年間に出現したヒトの感染症のほとんどが動物由来です。その大半は、野生動物から直接あるいは家畜や吸血昆虫を介して入ってきたものです。これらは、いったん発生すると世界中に脅威を与えます。文献研究によると、ヒトに感染する病原体として一四一五あり、その内の六割が人獣共通感染症だと言われています。感染症の病原体として一番多いのは細菌ですが、動物からの感染症としては寄生虫も多く、新しい感染症としてはウィルスが増加しているという報告があります。これらにも、ＯＩＥとＷＨＯが協力して対策をとっていくことにしています。

先ほど、臨床獣医分野において、医学と獣医学の連携が進んできていると申しましたが、アメリカでは七八〇〇万頭の犬、八五八〇万頭の猫が飼われており、日本ではどちらも一〇〇〇万頭ぐらいです。日本では今年、猫が犬を上回りました。フランスやドイツは日本と同じような数ですが、アメリカやヨーロッパでは猫の飼育数のほうが少し多いようです。大まかに言うと、半分くらいの家庭でペットを飼育していると見られます。

伴侶動物、いわゆるペットの寿命がずいぶん延びてきました。犬の平均寿命は、一九八〇年のデータでは四歳弱でしたが、二〇〇八年には一四・三歳まで伸びています。猫も、二〇〇〇年で七・九歳だったものが、二〇一五年では一五歳に伸びてきています。これは、特に小動物医療が進んで、予防・治療が可能になったことと、ＭＲＩや内視鏡といった診断技術の利用も可能になったこと、最近ではがんの放射線治療もできるようになったことが要因だろうと思います。長寿命化そのものは悪いことではありませんが、それまでは動物にはほとんど見られなかった、加齢に伴う様々な疾患を生み出すことになっています。

そうしたことから、小動物の臨床医が非常に増えています。獣医学を学ぶ学生の半分弱が小動物の臨床を目指すようになってきています。

獣医師に求められる社会的なニーズ

日本国内における獣医学分野の変化も世界の動きと同じです。戦後、獣医師への最大のテーマは畜産振興でした。私が学生の頃の学会では、公衆衛生か産業動物の感染症防止のためのワクチン開発が主要なテーマだったことを覚えています。新しい産業動物獣医学が確立され、その後、ライフサイエンスがすごい勢いで進み、基礎獣医学が注目を浴びました。高度経済成長期を経て、少子化・核家族化が進行し、それまでの三世代家族構成が崩壊し、家族の一員としての伴侶動物へのニーズが増大しました。ペットと呼ばれていたものが、コンパニオン・アニマルに昇格したわけです。そして、人並みの高度先端獣医療が提供されるようになりました。

その後飽食時代を迎え、食の安全問題への関心が高まり、リスク評価の実行が求められるようになりました。私たちも、食品安全委員会でリスク評価を命じられたこともありました。さらに、国際的な人獣共通感染症のまん延に対応するため、感染症統御・危機管理に関する役割も獣医師に求められるようになっています。

この半世紀の間に、獣医師に求められる社会的なニーズが変化し、増加の一途をたどってきましたが、私たちはそれに対応してきているのです。

獣医学の各分野の広がりの中で、獣医教育もその枠組みを考えていかなければなりません。獣医は様々な領域に関わることから、多くの国際機関と関係がありますが、主に対応を迫られるのは、食料供給に関する世界食糧農業機関（FAO）と国際獣疫事務局（OIE）です。

政府間機関であるOIEは、戦前の一九二四年に設立されました。陸生動物と水生動物のすべての安全基準と国際取引のための条件を提示しています。食料品についての国際的な安全基準を決めていることから、世界貿易機関（WTO）とタイアップしていますし、人獣共通感染症の問題もあることから世界保健機関（WHO）ともタイアップしています。

OIEは二〇〇九年に、世界中の獣医系大学の学部長・学長や各国の行政獣医官を集めて国際会議を開きました。より安全な世界を形成するために進化する獣医学教育をテーマに徹底的に議論がおこなわれました。新しい教育で養成された人材は、公共獣医事を担う者として、政策の監視、疫学調査、情報ネットワーク構築、官民のつなぎ役などを果たすことが求められますが、こうした役割は、それまでの獣医師の職域として考えられていなかったもので、そうした人材を養成するためのコア・カリキュラムを提示しました。二〇一一年には、フランス・リヨンで、カリキュラムの評価や教育内容の質保証の重要性などについて議論されました。二〇一三年ブラジルで、カリキュラムを実施する獣医学教育機関を評価することになり、二〇一六年バンコクで、カリキュラムの各国での遂行状況やその教育手法が紹介され、着実に進められています。

動物福祉の向上を目的として

ＯＩＥのこのカリキュラムは、公共獣医事に重きを置いたものであり、全世界における動物衛生と動物福祉の向上を目的としたものです。ＯＩＥは国際政府機関ですので、各加盟国・地域全体に対する指令です。多くの国・地域に対応可能にするため、随所に多様性が認められており、勧告の実行に必要なコア・カリキュラムとは別に、各国・地域はさらに対処すべき特別な必須事項や要件を抱えています。質の保証についても、国際的な調和を図るために、多少な不一致やアンバランスは認めるものの、なるべく少なくするような方策を求めています。

このコア・カリキュラムは、動物福祉に則った動物実験を是認したうえでつくられています。モデル・コア・カリキュラムの内容には、これまで日本の獣医教育ではなかなか手を付けられなかった部分もありましたが、日本はできるだけ取り込むことに努めています。これらには、例えば獣医疫学、人獣共通感染症、食品の安全性、食の安定供給、生産、経済と貿易、生物多様性、動物福祉などが上げられます。

また、野生動物や水生動物の疾病、動物薬・動物用ワクチンの使用法などについても新たな課題として入ってきています。日本の新しいカリキュラムは、基礎カリキュラムと専門教育カリキュラムを組み、世界に示していきます。医師免許あるいは獣医師免許を持っていない学生が実際に臨床の場に参加することは法律上できなかったのですが、日本のカリキュラムでは総合参加型臨床実習として一定の条件下で可能になります。

地域偏在に関しては、これまでの課題の一つでした。どうしても都市部に人材が集まりやすく、特に地方公務員はなかなか確保が難しい。そのためカリキュラムでは、中核的獣医師の十分な数が地方で働くための教育と援助を受けられるようにしなければいけないとしています。

ＯＩＥは、こうした活動を通して、世界の公益として認識する獣医を育て、そうした教育にもっと資金提供する必要性を政府・国際的援助供与者に納得させなければいけません。

ＯＩＥのカリキュラムは、公共獣医事に携わる獣医師の育成のためのものですが、ヨーロッパ獣医系大学協会（ＥＡＥＶＥ）のものは少し異なります。ＥＡＥＶＥは、ドイツやフランス、イギリスなど畜産の盛んな国の獣医大学で統一的な基準を作成することから始まった組織です。ＥＵ加盟国が増えるとともに、自由貿易圏であるＥＵ域内での教育を評価して認証しています。その基本理念は、ＥＵ諸国の畜産物に関するリスクを最小限に抑えることにあります。ＥＡＥＶＥは政治的な権限をもつ評価機構ではなく、遅れている地域のレベルを引き上げていこうという方針をもっています。したがって、特定の獣医系大学に資格認証を与えるものではないので、各獣医系大学における教育資格はそれぞれの国の権限でおこなうことを前提としています。法的な強制力は持たず、卒業した獣医師の公益業務を妨げるものでもありません。ＥＵ加盟国の獣医教育のレベルアップと統一が目的ですので、排除の概念はありません。

持つべき技術と到達レベルを修得

しかし、獣医学教育におけるＥＡＥＶＥによるミニマムリクワイアメントには、次のようなものが含まれます。最少五年のカリキュラムであること。ちなみに日本は六年です。基礎獣医学、臨床獣医学、公衆衛生、食品衛生、動物愛護教育がなされること。すべての家畜種に対する臨床教育が実施されること。獣医卒業生が卒業時に持つべき技術と到達レベルが明確に示され、修得されていることの明示。

カリキュラムの内容そのものは、そう特別なものはありませんが、産業動物獣医学がベースになっていることから、実習を重んじている内容になっています。臨床実習数や学外実習の有無が評価の基準の一つになります。解剖・病理学で使用する死体の数も問われています。日本と比べて大きく異なると思われるのは、馬の重視です。

アメリカの獣医師会（ＡＶＭＡ）も、獣医学に関する統一基準を示しています。当初は、各州で不統一であった獣医師資格試験に関する統一基準を設けることから始まりました。その後、教育組織やカリキュラムの基準リストを公開し、各獣医系大学に整備を求めました。一九四六年にはAVMA内に獣医学教育審議会が設置されました。現在では、カナダを含んだ北米の統一基準になっており、獣医師資格をとって認証大学の卒業生であれば、アメリカ・カナダでは獣医として有効になります。

教育評価に関する項目は、例えば大学教育組織や財務、施設・整備といったもので、日本でおこなわれる評価項目とほとんど変わりません。基本的には、それぞれの項目に対し、証明できるような詳細データをつけた供述書がまず書類審査され、その後査察が行おこなわれます。例えば、大学の教育成果の評価に関する項目の場合、成果評価の基準となる必要条件に対する供述として、どのようにプログラムの改善に活かしたかを記述し、そのデータとして、資格試験の点数や学生の退学率・就職率などを付けます。

そうして提出された供述書に対して、評価がおこなわれます。実際に調査に入るチームのメンバーは公平を期して七人が選ばれますが、基礎と臨床のバランスがとられています。供述書を読んだ上で査察に入り、自己点検報告の情報を聞き取り調査によって評価し、認証の結果を出します。

OIEが公衆衛生のための獣医の育成のための基準を示したのに対し、ヨーロッパのEAEVEは産業動物の臨床獣医教育を統一させるための基準を重視し、アメリカのAVMAは小動物の認証に最大の重きをおいて教育プログラムをつくっています。臨床分野の先生は、アメリカのプログラムが優れていると感じられるようですが、数年前に、私がアメリカ農務省とコーネル大学を訪問したとき、公衆衛生の不備を実感しました。特に人獣共通感染症、家畜越境感染症への対策がなかなか進んでいなくて、食のテロを含めた安全性の問題も依然として深刻でした。

その一方で、食料品の最大の輸出国でもあり、ＨＡＣＣＰやトレーサビリティ・システムの確立が求められています。

これらの問題を担う獣医が育ってきていないため、連邦政府が直接乗り出して、大統領諮問機関である総合監査機関、農務省、食品医薬品局が協議して、獣医師の新しい戦略を策定するように指示しました。その結果、三〇年ぶりに獣医大学を新設（四校）し、総数三一大学体制にしました。また、感染症やテロ対策として、カンザス州に大規模なＰ４施設を新設するとしています。獣医師の足りない州には、政府の予算で養成した学生を送り出すことを二〇一一年から実施し、三年間努めると受けた奨学金の四分の一、六年間で半分が返済免除になるとしています。

以上、ＯＩＥ、ヨーロッパ、アメリカ、それぞれの獣医教育に関する基準を見ました。ＯＩＥのものは、家畜感染症・人獣共通感染症の統御や食の安定供給。食の安全、畜水産品の貿易障壁の調整、動物福祉などに重きを置いて、公共獣医事分野の専門獣医を育てるためのカリキュラムだといえます。ヨーロッパのＥＡＥＶＥの教育評価は、詳細に組まれており、ＥＵ内の格差を想定して基準化されており、そのノウハウはEU以外でも有効です。

しかし、基本は馬を主体とした産業動物獣医学であり、特に日本への対応は難しいと思われます。アメリカのAVMAは、資格試験の統一基準から始まったものなので、基本的には小動物臨床分野に重点を置いた基準になっており、日本と同様に卒業生の半分は小動物臨床医になっています。このように、それぞれの地域の歴史や国際的立場を背景にした、教育基準になっていると言えます。

日本学術会議による提言

日本学術会議の獣医学分科会は、二〇一七年三月、「わが国の獣医学教育の現状と国際通用性」の提言を出しました。四年以上にわたって議論された結論がまとめられたものです。この提言の背景には、一〇〇人程度の獣医師に、同数の補佐スタッフ、同数の学生という欧米規模の獣医学部を設置して実学教育をしようという構想を持ちながら改革をおこなってきたものの、依然としてそうした水準に達していないという現状認識があります。一方では、グローバル化が進展し、国内調整では間に合わなくなり、国際対応が求められていました。従って、獣医学教育をよりグローバルな視点で考え直そうということからでした。

提言の内容は、まず社会的ニーズの再認識の重要性です。先ほどの申し上げたように、国際的にも国内的にも、獣医のニーズはこの五〇年間すごい勢いで伸びてきており、家畜疾病対策、食品安全対策、野生動物管理、伴侶動物の高度医療、ライフサイエンスの基礎研究、医薬品開発など、新しいニーズに応えなければいけません。獣医学教育現場で、そうした多様な社会ニーズに対応できる国際的レベルの獣医学教育体制を築いていく必要があるのです。

そして、社会ニーズに対応した教育基準の策定が求められます。臨床獣医の育成に重きを置くヨーロッパの基準やアメリカの基準を、そのまま採用することは適切ではありません。ＯＩＥが示すように、動物感染症制圧や食の安全に重要な役割を獣医師が果たすことは間違いありませんが、それに偏った基準も適切とは言えません。そこで、わが国独自の獣医学教育基準の作成を提言しているのです。ヨーロッパやアメリカのように、牧畜が発達してきた地域とは異なる米作を中心として発展してきたアジアでは、獣医学教育の歴史と伝統も異なり、なおかつ食料生産や人口においても世界の半分を担う地域であることから、そこでも通じるような教育基準を作成して、世界の第三軸としての新しい教育基準をつくるべきではないかというものです。なお、そうした基準を構築していくための方策については、今期の分科会において検討されていく予定です。

二〇一三年に開始された国立大学間の共同教育は、獣医学教育におけるスケールメリットを実現する一つの有効な方法ではありますが、その先の統合再編までは実現できていないことから、組織体制を整備して、教育内容をさらに深化させなければなりません。私立大学のように単独で自助努力で教育の組織体制を整える必要がありますが、現実にはなかなか難しい面があります。国立、私立、公立を含めた全獣医系大学における教育体制の問題です。

私が、愛媛県今治の新しい獣医系大学において試みようとしている教育の原点は、山根前獣医師会長の提案であり、それを具体的なカリキュラムにしたものです。山根前会長は、平成二四年の第三回文科省獣医学教育改善・充実に関する研究調査協力者会議において、以下のような重要な指摘をしています。獣医師として最低限必要な基本的知識と各職域の専門知識は大学で身につける必要がある。社会に出ても使い物にならない獣医を育てても何にもならないということです。そこには、全員に同じレベルのすべての授業を受けさせるのは無理だという考えがあります。コース別にして、より深い専門知識を与える教育コースをつくらなければいけない。従って小動物臨床、大動物臨床、公衆衛生、環境問題を同じレベルで身につける必要はなく、専門コースで、実務ができて応用能力のある人材を育成すべきで、それが社会のニーズに応えることになります。

新しい獣医学教育の試み

獣医教育は四年制から六年制になりましたが、獣医教育は決して充実したとは言えず、間延びしただけです。四年で基礎的な教育をすべて終え、五年で臨床や公衆衛生、六年で産業動物診療や小動物臨床、公衆衛生、ライフサイエンスなど職域ごとのエキスパートになる教育をするとしています。つまり四年間のコア・カリキュラムと、二年間の専門教育に分けるという提案でした。卒業論文を書き、六年生の一月、二月に国家試験の勉強をすれば十分クリアできると考えられていました。

このカリキュラムを実際に組んでみました。一般教育は通常と変わりませんが、その後、五一科目と一九の実習をコア・カリキュラムで、四年間で終了できるようにしてあります。五年と六年はアドバンスト教育として、ライフサイエンス、国際獣医事、臨床獣医の三つの分野に分け、卒業論文を含め専門教育をおこないます。並行して、英語教育のステップアップをおこなって、アドバンストの二年間の講義の二割は英語でおこなうこととしています。

アドバンストのライフサイエンス分野では、創薬の専門家を配置して、トランスレーショナル・リサーチや創薬科学を体系的に学べるようにしています。他大学の薬学部と連携協定を結び、二週間以上インターンシップを経験できます。そうして、分子細胞腫瘍学、修復・再生医療科学、国際ライフサイエンス産業政策論、比較動物機能科学、発生工学、獣医動態モデル学など、これまでの獣医学系大学にはなかった、専門で必要とする教育プログラムを組みました。

公共獣医事分野では、国際獣医事概論、国際動物関連法規、レギュラトリー・サイエンス、国際動物疾病学、セキュリティー学、グローバル食品管理科学、国際生物資源学、国際獣医法医学、国際野生動物管理学、医薬品・食品安全評価演習、動物危機管理学、産業動物疾病予防管理学、産業動物疾病診断病理学など、四年間でおこなった教育から一段階上の教育をやっていこうという考えです。

医獣連携獣医分野では、愛媛大学の医学部と連携協定を結んで、ワン・メディシンとしてのトランスレーショナル・ベテリナリーメディシンについて学べるようになっています。他に、免疫関連疾病学、抗菌薬バイオロジー、獣医高度臨床学、分子疫学、獣医疫学演習、チーム獣医療学、エキゾチックアニマル学、国際展示動物疾病学など、新しい臨床の応用学問を教えていきます。

これらのカリキュラムのために、七五名の専門獣医を集めて、これまでにない規模で獣医学教育をおこなっていこうと考えています。付属施設として、オープンラボを設置します。従来のように各研究室に実験室を置くのではなく、研究においてもプロジェクト研究で、講座にかかわらず取り組んでいこうと考えています。

実験室の一部にP3もあります。また、一階には、国内では最大規模の実験動物センターを置き、三年後には国際実験動物ケア評価認証協会の認証を受ける予定にしています。水産動物のための循環型の大規模水槽と実験室も備えます。

国際獣医教育研究センターを設置し、感染症等に関わる国際シンポジウム、情報発信を外国語でおこなうなど、情報拠点として、学内の教育プログラムにも利用していきます。病院には多くのスタッフをあて、放射線治療装置も導入します。なお、講義室や演習室など通常の施設に加えて、情報通信技術を用いた教育を充実させるため、コンピューター室も設けます。

（よしかわ　やすひろ）

〈質　疑〉

――　わが国において、獣医師の数は足りているのでしょうか。あるいは偏在しているだけなのでしょうか。

吉川　地域的な偏在や職域による偏在は、二〇年以上も前から問題視されてきていましたが、なかなか解決できないで来ています。ただし、この五〇年間、領域が多様化し広がってきている中で、数としては限界にきているのかもしれません。五〇年前のニーズは減ることなく、新たな社会ニーズが出て来ています。

その上で、新規に生み出される獣医師の半数が小動物臨床に行くとなると、不足の影響がどこかに出るのは当然でしょう。小動物臨床に人材が流れた分、公衆衛生やライフサイエンス分野での人材が薄くなるわけです。今までは、既存の体制の中で対応できると考えてきたのですが、これからは、新しい講座をつくって学生を教育して、ニーズに対応していくのが当たり前だと思います。

こうしたことは、日本だけのことではなく、アメリカも同じ問題に直面していましたが、先に話したように、いち早く国家としての戦略をとったわけです。

――　アメリカでとられたような対応が、日本ではとられなかったということでしょうか。

吉川　アメリカでも、獣医教育界内部の力だけでは改革はできなく、トップダウンで実施するしかなかったわけです。獣医教育界において自ら改革していくのが理想でしょうが、なかなか難しいようです。やはり、異質な力でタガを外す必要があったのかもしれません。その力が、今回の場合、国家戦略特区だったのでしょう。

――日本の畜産の飼育環境は、家畜に対して非常にストレスを与える不健康なものだと言われています。飼育環境の分野では、獣医学はどのように関わってくるのでしょうか。

吉川　新しいカリキュラムを組んでいるときに、産業動物の臨床をどうするかが議論になりました。これまでは、小動物も大動物も臨床と一括りにされて教育してきました。先日、豚の飼育農家に行ったときのことですが、最新の豚舎のほとんどは立ち入り禁止にしてありますので、獣医が入って来ることはないと言います。獣医は処方箋を書くだけで、実際に薬を与えるのは農家だということです。牛についても飼養頭数規模が大きくなってきていますので、類似した状況になっているのです。

かつては、農家で飼われている家畜を一頭一頭診て回ったものですが、今はそうではありません。そうした現場では、獣医の役割は、個体治療というよりは、群の健康維持に重点が置かれ、そのための活動が期待されています。

一方、犬・猫の臨床は、人間の場合とまったく同じになってきました。そう考えると、産業動物臨床は、むしろ公衆衛生分野に入れてもいいのではないかとも思えます。育て方が変わってくれば、そこで要求される獣医の役割も変わってきます。最近の卒業生が産業動物の臨床に携わって一番困ったのが、農家経営に関する相談だったと言います。ＯＩＥの基準では、経営面でも詳細なチェック項目が設定されていますので、経営面の変化も織り込まれて考え出されたものなのかもしれません。できれば、そういう課題にも対応できる獣医を育てていきたいと考えています。

――そうすると、獣医師あるいは獣医学に求められるものが変わってきているということでしょうか。

吉川　学術会議でも、そもそも獣医師とは何かということが議論になりました。小動物臨床に精通すれば公衆衛生ができるかと言えばそうではありません。その逆も同じです。それぞれの分野の互換性は意外に少ないのではないでしょうか。そうした特質を認識したうえで学生を受け入れないと、中途半端になってしまう。

――新しく構想されている獣医学部ではかなりの専門教育を予定されているようですが、どのくらいの教授陣が必要になるのでしょうか。アドバンストでは、高度な教育に向けて三分野が用意されていますが、実際に学生の志望が小動物臨床に偏ってしまうことはないでしょうか。

吉川　五一科目一九実習のカリキュラムを組んだときには、すべてをこなすには、七〇～

八〇名の教育者が必要だと考えられました。ただし、アドバンストでの科目は、獣医学部育ちの獣医の先生には無理ですので、医学や薬学で活躍していた先生に来ていただきます。われわれ教育する側と受ける側の志望とのギャップについては、それほど複雑な問題だとは考えていません。学生が小動物臨床に偏ってしまうのは私立大学に多いようですが、なぜそうなるかと言うと、国立大学だと各講座には受け入れ可能な人数がありますので、志望や成績で進む講座を分けることになりますが、私立大学の場合は、大半の講座が臨床で、特に公衆衛生の講座に教員の欠員があることが多いようです。したがって公衆衛生の場合などは、学生は五～六人、国立大学では二～三人でしかありません。したがって講座に進むときに、臨床に行ってしまう。新しいカリキュラムでは、三分野それぞれに同じ数の講座をつくって同じ数の教員を配置しました。

したがって学生は、三分の一ずつ入って行き、それぞれの分野が同じ数の学生を育てることになります。私の学生時代のときは、半分が公衆衛生で半分が産業動物に行っていました。受け皿の数を用意すれば、学生は自ずと分散されるでしょう。アドバンストのカリキュラムはそれを円滑にするために、専門教育を充実させるものです。じつは医学部でも似たようなことはあって、例えば、今では寄生虫講座が少なくなったために、その分野の研究者がほとんど育っていません。

――公務員獣医が少ないのは待遇が悪いからだという意見もあるようですが、そうではなくて、教育の体制に問題があるということですか。

吉川　六年間の獣医教育を受けてきて、それに匹敵する報酬が得られるかどうかというよりも、やりがいの問題だと思います。特に公衆衛生の分野は世界的に重要視され、先進国には公衆衛生政策のトップに獣医師がなっているところも少なくありません。優秀な人がそれだけの働きをすれば、それなりの待遇になるし、学生も魅力を感じるようになります。最も大切なのは、社会から必要とされて、それなりの役割を果たせるという実績を見せることだと思います。

――抗生物質の使い過ぎによる耐性菌や成長促進ホルモンの使用については、どう考えればいいのでしょうか。特に二〇二〇年の東京オリンピック・パラリンピックでは、口蹄疫汚染国からも人が大勢やって来ますので、その対策も必要ではないでしょうか。

吉川　耐性菌が発生する畜産現場の最大の問題は、飼料への添加物だと思います。細菌感染症の治療には抗生物質を使わざるを得ないわけですが、これについては人の抗生物質と棲み分けをしているので、それが原因で耐性菌が出ているということはないと思われます。飼料添加物として日常的に使われている中から、耐性菌が発生していることが明らかになっています。ヨーロッパでは飼料への抗生物質添加を止めましたし、アメリカも数年の猶予をもって禁止する動きになっています。日本も遠からず規制されていくと思われます。伴侶動物と水産に関しては、まだまだ心配です。伴侶動物は、畜産と違って人と同じ抗生物質を使いますし、水産ではまだ野放し状態です。現在、厚労省と農水省が音頭を取って、環境全体で抗生物質使用を監視していこうとしていますので、実態を踏まえて、改善の動きが出てくるだろうと思います。

なお、成長ホルモン剤の使用をめぐってのＥＵとアメリカの対立では、国際的なリスク評価の場でアメリカの主張が認められました。それでも、ＥＵはホルモン剤使用の畜産物については輸入禁止の措置をとっています。人への影響はないという結論は出たものの、今後進化していく薬剤でも同様の安全が確保されるかどうかという問題は残ります。二〇二〇年には、当然リスクは上がるでしょう。それだけの覚悟をして、準備しておくことが必要です。

特に口蹄疫が出ると、これまでの対応は農水省だけで厚労省はまったく関与しません。しかし仮に、期間中に都内のと畜場で感染が発見された場合、どうするのか不安です。そうした対応も考えておかなければなりません。

――国際的に、獣医学教育の基準に三つのタイプがあると言われましたが、現在、これらの基準に合わせている日本の大学はあるのでしょうか。

また、どれほど良い教育プログラムをつくっても、学生が国家試験に合格しなければ何にもならないという気もするのですが。

吉川　今のところありませんが、いくつかの大学が共同してＥＡＥＶＥの基準の導入を検討しています。ＡＶＭＡはアメリカの大学のほとんどと、いくつかのカナダの大学、ニュージーランドの大学が取り入れています。国家試験については、決して楽ではありませんがきちんと教育をし、さらにアドバンストでより専門度を上げていくわけですから、私は他の大学の学生より良い成績で合格できると思っています。今の獣医学部の偏差値は医学部並みですので、それだけの能力を持った学生にさらに磨きをかけて送り出すことになると考えています。

（二〇一七・一〇・六）

地方記者の眼

東海・北陸地方で続発する豚コレラ
野生イノシシの感染は長期化必至

会員　石井　勇人（岐阜市在住）

二〇一八年夏以降、岐阜、愛知、三重、福井県で豚コレラの発生が続いている。すでに一二万頭以上（一九年七月二五日時点）が殺処分されたが、終息はまったく見通せない。それどころか野生イノシシの感染は拡大が続き、六月には三重県、七月には福井・長野県でも感染が確認され、累計約八〇〇頭（同）に達した。

豚コレラは、コレラとは関係がない豚やイノシシの病気で人間には感染しないし、感染した肉を食べても健康に影響はない。ただ、感染力が強く長期化した場合は養豚業に大打撃を与える。対策が後手に回っている理由や今後の見通しを現地から報告する。

▽イノシシ・ファースト

岐阜市の中央を流れる長良川。普段は川底が見えるほど澄んでいるが、二〇一八年7月から八月にかけて、集中豪雨が相次ぎ増水も長期化した。上流に堤防がないため、折れた樹木はもちろん、ビニルハウス、ブルーシート、衣類や寝具など、実に様々なものが流れてくる。

台風二〇号が去った八月二七日朝、通勤時に徒歩で長良橋を渡っていると、眼下の濁流の中をビア樽のような黒い物体が流れてきた。細い枝のようなのが4本くっついていて、よく見るとイノシシの死骸だ。その時は土砂崩れに巻き込まれたのかと思ったが、豚コレラの発生が明らかになった九月七日に、筆者はイノシシの死因は豚コレラだと直感した。

日本の養豚業の衛生管理は向上しており、豚舎内に直接ウイルスが持ち込まれる可能性は低いからだ。先にイノシシに感染が広がり、農場周辺ではウイルスがまん延している恐れがあると懸念したのだ。

九月一四日には、岐阜市でイノシシの感染が初めて確認された。しかし当時は「豚の感染が先である可能性が高い」（農林水産省疫学調査チームの津田知幸氏）という見解が主流で、私の「イノシシ・ファースト説」は「仮説としては面白いがイノシシの感染頭数が少な過ぎる」（獣医師）と冷ややかに受け止められた。イノシシの行動範囲も一〇キロ程度とされ、養豚場での衛生管理を徹底すれば豚コレラは終息するというのが、当時の農水省や岐阜県の見立てだった。

岐阜県がイノシシ対策を重視したのは、発生から半年以上たった一九年四月だ。県内の推計生息数一万六〇〇〇頭に対して、年間一万三〇〇〇頭を駆除する方針を示した。世代交代による自然増を考慮しても計算上は三年でゼロになる。野生イノシシを淘汰することで感染源を潰す狙いだ。ただし実際にゼロにするのは不可能で、しかも感染は三重県などにも拡散している。すでに手遅れだ。春以降、イノシシは活発になり出産する。イノシシ対策をもっと早く本格化していれば、豚コレラの長期化は避けられたかもしれない。とても残念だ。

▽初動の遅れ

豚とイノシシのどちらが先かは別として、感染拡大の原因は「油断」の一言に尽きる。豚コレラは一九九二年に熊本県で発生したのを最後に国内では例がなく「教科書の中の病気」（獣医師）であり、防疫の実体験がある専門家は不在だった。

豚コレラ発生の確定から実に一ケ月も前の二〇一八年八月九日に、発生農場を訪れた獣医師は「元気のない豚がいる」という報告を受けている。当時は猛暑だったことが災いした。感染症ではなく熱射病を疑ったからだ。

筆者が流れ行くイノシシを見た八月二七日には、県中央家畜保健所から県畜産研究所に対して「何らかの感染が起きている可能性がある」という報告があり、九月三日に八〇頭が死んだという通報を受けて県中央家畜保健所が検査した。蛍光抗体法（ＦＡ）検査では陰性となり、豚コレラを疑わず経過観察になった。その後も異常が続くため九月七日にエライザ法とＰＣＲ検査を実施、いずれも陽性で、県はこの時点で初めて重大さを悟った。

異常から一ケ月の浪費は、あまりにも長過ぎる。獣医師の誤診、未熟な検査技術、県行政の危機意識の低さなどは重大な問題だ。ただ、農業・食品産業技術総合研究機構（農研機構）の解析で、豚コレラは海外から侵入した可能性が高く、典型的な豚コレラと比べて発症が遅く症状も軽い傾向が判明している。こうした事情を踏まえると、ある程度やむを得ない面もあるだろう。

▽感染ルート

初動の遅れは、ウイルスを拡散させただけでなく、感染ルートの特定も困難にした。海外由来のウイルスが、なぜ空港や港湾から離れた内陸部の岐阜県に至ったのかを検証するのはもはや不可能だ。ただし「イノシシ・ファースト」説に立つと、ある程度の推論は可能だ。同じ二〇一八年八月に岐阜県関市の友好都市である中国の湖北省黄石市で豚コレラが発生している。関市の縫製会社が黄石市に現地工場を置くなど密接な交流があり、遠隔地ではあるが、中部国際空港経由だと上海から五時間足らずで往来も多い。

家畜の病気が発生している国からの肉類の持ち込みは、一切禁止されているが、空港で旅客の手荷物を検査するのには限界がある。関市から数キロ西の岐阜市畜産センター公園には広い芝生があり、バーベキュー施設も整っている。豚も飼育していて一一月一六日の二例目の発生農場でもある。周辺は標高三〇〇〜四〇〇メートルの山で、いたるところでイノシシによる掘り返しを確認できる。

推論に過ぎないが、中国から感染した豚肉を原料にしたハムやソーセージ、餃子などを持ち込み、食べ残しを捨てた場合、イノシシが感染する可能性はかなり高い。

特に春以降、イノシシは活発に動き回る。イノシシだけではない。人間も山菜採りやハイキングで山の中に入り、土が付着したままの靴で動き回れば山林の外にもウイルスを運び出す。中国産の豚肉やそれを原料にした食品を介して岐阜市内かその周辺でイノシシが感染し、イノシシによって山中にウイルスが拡散され、人によって豚舎へ侵入したというのが筆者の仮説だ。

▽広域発生

豚舎の衛生管理を徹底しても再発を防げず長期化しているのは、ウイルスの拡散が広汎な上、豚舎への侵入ルートが多いからだ。具体的には、自動車、作業器具、資材、餌など人が関わるものすべてが媒介している可能性がある。さらに「子豚」が媒介しているという衝撃的な事態が一九年二月六日に判明した。

豚コレラが発生した愛知県豊田市の養豚場の出荷先である長野県宮田村、岐阜県恵那市、愛知県田原市、三重県内（地名非公表）、滋賀県近江八幡市、大阪府東大阪市の計六農場で感染が確認されたのだ。豚コレラは一気に五府県に拡大、長野県への出荷は豊田市の養豚場の豚に症状が出た後でもあり、農水省は「極めて重大な局面を迎えている」（吉川貴盛農相）と危機感を強めた。

豚は牛と異なり、大規模農場では出産・肥育の一貫生産が主流だ。外部から子豚を導入して肥育するのは衛生管理や品質管理上好ましくないからだ。東北、九州、北関東などの大産地では、同期の子豚を集団で飼育・管理し、同時に出荷して豚舎をいったん空にする「オールイン・オールアウト」を採用する農場が多い。しかし中京圏では、農水省の担当者が「こんなに（子豚を）動かしているとは思わなかった」（動物衛生課）と驚くほど複雑な流通があり、それが感染拡大の要因になった。

中京圏は高速道路が整備され東日本と西日本をつなぐ立地から、物流が盛んだ。自動車産業のように分業により付加価値を厚くする基盤が整っている。養豚業も子豚を融通し合う構造があり、見掛けは「オールイン・オールアウト」でも、幼豚段階で想定以上に死んでしまうと出荷計画が狂うため、外部から子豚を導入することがある。「今は感染が怖くて一切やめているが、足りなくなると二頭、三頭融通し合う、個体管理はしていないからすべて一貫生産として扱う」（養豚業者）という。こうなるともはや産地偽装に近い闇の世界だ。

九州などの大産地と競合するため、独自の餌や気候・風土に最適な飼育方法を採用してブランド豚を手掛ける意欲的な養豚農家も多い。市町村と連携して特産品に育て、ふるさと納税のお礼品に採用されている。こうした経営努力が、豚コレラでは裏目に出た。

岐阜県のはちや豚、けんとん、などブランド豚の多くは、母豚が殺処分の対象になり供給が困難になっている。「サシ」が強く入った肉質で県畜産研究所が約一〇年かけて開発したボーノポークのように種豚が殺処分され、貴重な遺伝子資源が喪失寸前まで追い込まれているケースもある。返礼品の停止で、ふるさと納税が減少し財政に影響が出ている自治体もある。豚コレラによる経済的打撃は、養豚農家だけにはとどまらない。

▽今後の展望

豚コレラの長期化に伴い、岐阜県の養豚農家からは豚にワクチンを接種するよう求める声が強まっている。しかし、農水省は拒否を貫いている。世界貿易機関（WTO）のルール上、ワクチン接種国からは原則として、ワクチンを使用しない国に対して畜産物を輸出できない。豚肉、ハムなど食肉加工品はもちろん、精子や生体、皮革なども含まれる。ワクチン接種国からの輸入も禁止できなくなる。途上国の安い豚肉の輸入が急増して、日本の養豚業界は経済的に追い詰められる。ワクチンを接種すると貿易上の優位性を失い、豚の命は救えても養豚業は救われないのだ。

農水省は、養豚場の飼育密度を低下させるため早期出荷を促し、それでも収まらなければ予防的殺処分に踏み切る方針だ。ワクチンの使用は文字通り「最後の切札」であり、東北、九州、北関東の大産地で大規模発生がない限り、使用を認めないだろう。

一方、野生イノシシに対しては、三月から岐阜と愛知の一部、七月以降は三重、福井県などでも経口ワクチンの投与を始めた。ワクチン入りのカプセルを、トウモロコシの粉や脱脂粉乳を混ぜて香料を付けた餌で包んで山野に散布する。

しかし、同じイノシシが二回食べないと効果が薄く、効果をあげるのに三〜五年と時間が掛かり抜本策とはならない。すでにイノシシの感染は、ワクチン入りの餌を散布した地域よりはるかに外側に広がっており、洪水に例えれば堤防が決壊した状態だ。

イノシシの感染は長期化して慢性化するのが確実だ。長年かけてウイルスと共存できるのを待ち、鳥インフルエンザのように農場の外側には常にウイルスが存在することを前提にしなくてはならない。このことは長い目で見ると、人間の生活と畜産業が分断されるという深刻な事態を招く。鶏や豚がどのような生き物で、どのように育てられるのかを知らない。知識はあっても実感できない。すでにそのような社会になりかけているのかもしれない。

二〇一〇年の宮崎県の口蹄疫では、約二九万八千頭の牛と豚が殺処分され半年で終息した。この悲劇は全国に伝えられ、多くの人々がその悲惨さに共感した。一方、今回の豚コレラは一年近く発生が続き、数千頭規模の殺処分だと「またか」と、あまり報道されない。収入源を失い苦境に立つ養豚農家への同情はあっても、与えられた命を失う家畜に対する思いが、日々軽くなっていくのを感じる。亥年はイノシシや豚にとって、とんでもない受難の年となった。

（いしい・はやと）

第三四回農業ジャーナリスト賞が決まりました

農業ジャーナリスト賞は、一九八六年（昭和六一年）、農政ジャーナリストの会が創立三〇周年を記念して設けました。農林水産業、食料問題ならびに農山漁村の地域問題などに関する優れた報道（ルポルタージュ、連載企画、出版物、放送番組など）から顕著な功績のジャーナリズム作品を表彰しています。

毎年、その前年に発表された作品を対象に今年度は、新聞・出版籍部門から一〇点、テレビ・映像部門から一三点の、計二三点の応募があり、農政ジャーナリストの会が委嘱した選考委員会の審議を経て、六作品に決定しました。

受賞作品

◇「サケの乱」　岩手日報社

◇筒井一伸・尾原浩子著「移住者による継業　農山村をつなぐバトンリレー」　筑波書房

◇証言記録・東日本大震災　第七八回「希望の光を種牛に託して～福島県川内村～」　NHK

◇「やがて風景になる　若き木工職人の成長記」　岡山放送

◇ETV特集「カキと森と長靴と」（特別賞）　NHK

◇嵩　和雄著「イナカをツクル」（奨励賞）　コモンズ

■受賞作品概要■

◇「サケの乱」　岩手日報社

秋サケの不漁の原因を地球温暖化だけではなく、様々な要因を多角的に追究し、丁寧な取材を通して水産業が抱える構造的問題を提起した労作。「サケはなぜ戻ってこないのか」を出発点にして、まず地域の実態を掘り下げ、ふ化放流事業への依存体制の問題点を突く。とりわけ、サケ以外の魚種、県外、国外（ロシア）にまで取材範囲を広げて解決策を模索し、全八部四三回の連載に及ぶ企画力、取材力に圧倒される。連載がきっかけで、秋サケ漁が盛んな宮古市と共催でシンポジウムを開催したほか、連載記事が小中学校の教材として活用されるなど、読者の反響も多く、県民が自らの地域を考える契機ともなった。

大型グラフィックを用いた特集紙面展開も目を引き、文章も読みやすい。「秋サケは岩手の作り育てる漁業の根幹」（記事）であり、なんとかしなければ、という記者の思いが伝わってくる。

◇「移住者による継業　農山村をつなぐバトンリレー」（筒井一伸・尾原浩子著）　筑波書房

若い世代の「田園回帰」が広がる中、就業でも起業でもない、地域のなりわいを世襲ではなく移住者などの第三者が引き継ぐ「継業」という新たな動きを的確に捉え、農山村に共通する課題の解決方法の一つとして提唱したことが評価される。

本書は新しい事態を時代性とともに切り取った調査報道としても優れている。継業を地域ぐるみで実践した現場の事例紹介も興味深く、「継業」の背景にあるものをきちんと考察している。地方移住との違い、地方での起業の違いが図式化されており、理解しやすい。「地域のなりわいを地域全体の資源、宝と捉え直し、残していく継業の取り組みは、地域づくりの新しい挑戦」「継業は地域経済と地域コミュニティ再生への取り組み」「継業は農山村再生の方向性と合致する」という視点にも共感を覚える。地域活性化の神髄に迫る新たな提案は、今後の政策展開にも結びつく。

◇証言記録・東日本大震災　第七八回「希望の光を種牛に託して～福島県川内村～」　ＮＨＫ

震災前、全国の有名ブランド牛と肩を並べる評価を得ていた福島牛。原発事故で約一七〇〇頭が安楽死処分され、大半の畜産農家が廃業に追い込まれるという絶望の最中、川内村生まれの種雄牛「高百合」に故郷の未来を託して歩み始めた農家の、風評被害を乗り越え、苦闘の歳月と復興への思いを記録した感動作。

福島の未来を見せてくれた。まず、畜産が出稼ぎからの解放であったことが描かれ、手放した人、安楽死させるしかなかった人、組合長、獣医師、牛に愛情を降り注ぐ畜産農家の気持ちが丁寧に描かれ、被災現場に寄り添った優れた作品となった。畜産農家の涙と笑いもきちんと映像化している。畜産農家の悲しみを乗り越えた思いが強く伝わってくる。種牛を通して地域の畜産の復興を願う姿が印象的。「高百合」が東北で初めて受賞した和牛日本一を競う「全共」（和牛オリンピック）から始まって「全共」で終わる構成も分かりやすい。

◇「やがて風景になる　若き木工職人の成長記」岡山放送

森林面積が村の九六％を占める岡山県北の小さな村・西粟倉村。そこで、一〇年に及び、丹念に取材を続けてきたことが評価される。森林資源を活かし、木材に付加価値をつけて森林再生に貢献しようと挑戦するエネルギーに満ちた若者達の日常の姿と成長を追いかけた秀作の長期ドキュメンタリー番組だ。

生産者と消費者の距離が近い林業・木材加工・家具製造の姿は、映像でなければ伝えられない。映像も美しい。とりわけ、学習机ツアーの追跡は貴重な映像（子どもの表情、山林所有者の対応等）で、番組タイトル「やがて風景になる」の意味もまた、映像は確かに伝えている。

山主の応援、地域以外の人たちの応援風景は、地方の持つ価値に目を向けるようになった現代の人々の考えを反映させたもので、共感を覚える。地域への思い、林業を何とかしたいという強い思いが、とてもよく伝わってくる。日本の林業への問題提起にもなっている。

【特別賞】

◇ＥＴＶ特集「カキと森と長靴と」　ＮＨＫ

森と海が一つの生態系となって甦っていくことを伝えた「映像詩」という言葉にふさわしい優れたドキュメンタリー作品。全編通した美しい映像は、カメラマンの力量を感じさせる。映像番組として完成度が高い。音楽も美しい。さまざまな演出も秀逸。

東日本大震災による津波被害で絶望の中、カキの養殖を復活させた漁師が主人公。漁師でありながら数十年にわたり、山に木を植える活動を続けてきたことで知られる主人公は、「森は海の恋人」と確信していた。ゆっくりした時間の流れの中、温和な表情で淡々と語られる主人公自身の奥深いメッセージが、美しい映像とマッチするなど、しっかりと作られている。しかも字幕がなかったことが番組の価値を高めた。

カキを育てるために、自然と共生し、山や森を守る主人公の思いが詰まっている。生き物を育て、海や山と暮らす意味を問いかける。大自然と命の摂理が、教訓的ではなく表現されていて説得力がある。

【奨励賞】

◇「イナカをツクル」（嵩和雄著）　コモンズ

一〇年間にわたり多くの移住相談を受けてきた著者が、その経験と各地の地域づくりの現場調査から、いま農山村で何が起きているかを的確に描き出した。「移住の方法」「農泊」「アンテナショップ」「ふるさと納税」「農地法」「インバウンド」など、多様な角度から取り上げており、切り口の幅広さが印象に残る。多くの事例から地方の取り組みに求められていることは何かを教えてくれる。見開き二ページ、左に資料等を配置、右に説明文を配置した構成も面白く、読みやすく、見やすく整理された四五項目は「テーマカタログ」になっており、どれも本質をついている。様々な地域を創る、地域活性化のヒントが詰まっている。著者は本書の副題を「わくわくを見つけるヒント」とした。「何もない田舎」から「可能性あふれたイナカ」への変化に納得させられる。

【受賞の言葉】

サケの乱

榊　悟氏（岩手日報編集委員）

農業ジャーナリスト賞を水産分野で受賞したことはありがたく、感謝申し上げます。岩手は東日本大震災の被災地で水産業の復興が欠かせません。現在も復興途上にある中で、特に岩手県の魚にもなっている秋サケは本州一の漁獲量があり、秋サケの復興なくして岩手の水産の復興はないということで取材を進めてきました。

取材の発端はなぜ秋サケが戻って来ないのか。昔は稚魚を放流すれば必ず戻ってきた。それが何故帰ってこないのだ、というところから取材をスタートさせました。また、サケを通して地球温暖化の影響とか、人工ふ化放流とかに人間の手を掛け過ぎるとかいろいろな問題が見えてきた。読者、県民と一緒に考えることができた企画だったと思います。一方で、漁業というのは古いしきたり、閉鎖的なところもあり、なかなか取材に応じてくれないとか、漁業の構造的な問題を問うことで取材の苦労もありました。こうした中にあって、岩手の漁業はこのままではいけないと、取材に応じてくれた人が数多くいたからこそ、こうした連載企画ができたと思います。読者、関係者の皆さんには感謝申し上げたい。この受賞をきっかけに、岩手の水産業、サケをめぐってさらに議論が起きる契機になればと思っています。また、今回の企画は私と八重樫の2人で担当しましたが、本当に会社ぐるみでキャンペーン報道に携わった仲間と受賞を祝いたいと思います。（談）

八重樫和孝氏（岩手日報記者）

連載企画では主に定置網、海洋調査の同行などの現場取材を担当しました。取材相手に切り込んでいくプロセスの中で、次第に企画の趣旨が伝わり、協力を得ることができました。岩手県の秋サケはほとんどが、成熟しきったサケを定置網で漁獲し、卵をとって稚魚を育て、ふ化放流するというサイクルができています。栄養が卵に移ったサケの身が市場に流通した時にどれだけ価値あるものになっているのか。付加価値を付けられていない現実も聞かれました。その中で、若い水産加工業者の方は、近海に戻ってきたばかりのサケを漁獲、流通させサケ資源の有効活用につなげたいという思いを持っていて、今後の水産業のあり方についても教えられました。秋サケは岩手の水産業にとって基幹魚種で、人工ふ化放流事業のサイクルが崩れつつある今こそ、サケだけに頼らない水産業のあり方を考える必要があります。地元の新聞社として、今後とも秋サケの問題を考えていきたいと思います。（談）

移住者による継業　農山村をつなぐバトンリレー

筒井　一伸氏（鳥取大学地域学部教授）

この書籍はＪＣＡ（日本協同組合連携機構）の研究会で二年間にわたって議論した内容を出版したものです。「継業」という言葉は私たちが創った概念で、農業だけでなく、地域にあるお店であったり、キャンプ場であったり、地域の特性や資源をいかした「なりわい」が移住者の人たちに継がれていくという現実の中で見出したものです。きっかけになったのは島根県の海士町（隠岐島）ですが、全国を見渡すと多くの「継業」が行われていることに気が付きました。私の専門は農村政策の研究ですが、今、過疎法の改正に向けた論議が始まり、その懇談会の中でも「継業」ということが議論されているようです。少しずつではありますが、政策現場にも伝えられてきたのかな、と思っています。今回の受賞が、それをさらに進めていく上で力となると確信をしています。私自身は研究者でありジャーナリストではありませんが、ジャーナリストである日本農業新聞の尾原浩子記者（共同著者）の取材力があったからこそ世に出せた書籍です。（談）

尾原浩子氏（日本農業新聞記者）

日本農業新聞の記者として現場を取材していると、地域、農山村の可能性が広がっていることを実感します。「継業」もその多様な可能性の一つです。地域の人々と次世代や移住者が連携してなりわいをバトンタッチする継業は、世襲では廃れてしまっていた事業が新たな形でつながっていくものです。農村のつながり、農山村の仕事をどう次世代にバトンタッチしていくのか、筒井先生と模索しながら（ＪＣＡ）研究会の人たちにお世話になり、新聞記事とは少し異なる取材を深めていくことができ、とても勉強になりました。受賞を糧に今後も農村をフィールドにした取材を頑張り、農村の価値や可能性を発信したいと思っています。本当にありがとうございました。（談）

証言記録・東日本大震災　第七八回「希望の光を種牛に託して～福島県川内村～

佐藤謙治氏（ＮＨＫプラネットプロデューサー）

東日本大震災の翌年（二〇一二年）から始まった震災証言記録番組は、毎月第四日曜日の朝一〇時から放映され、被災者の証言を出して進行していくという形で綴られています。なかなか視聴率がとれない日曜の朝から暗い話しは聞きたくない、そこで、復興がここまで進んだという明るい話題が多い内容にしようと、この番組では、やはり当事者でなければ、分からない、できない体験ということを重点に取り組んできました。そういう意味で今回福島の牛飼いのテーマで受賞したことは嬉しいです。賞状の中に風評被害と闘うとありますが、確かにその通りだと思いますが、我々が作る番組の基本的な姿勢としては、風評被害という言葉を使えば、全てが免罪とされることでよいのだろうか、という疑問は常に思っていました。そういう意味ではエサ（飼料）であったり、放牧であったり、本当に畜産農家の人たちが懸命に頑張っている姿を放送して、自分たちに問いかけてきました。風評被害という言葉をコメントで語ることはできるだけ避けるようにしてきました。風評という言葉が全てを覆ってしまった時に、実は本当はどうなんだろう。やはり原点のようなところを我々は大切にしなければならない。こうした中で福島の畜産農家の人たちが山奥での牛飼いの人たちのくらしをみていくと、やはり出稼ぎの村が牛を飼うことによって、冬は家族と過ごし、人のために生まれてきて、利用してきた牛だからこそ、粗末に扱えない、家族同然に育ててきた、という農家の想いを感じることができました。だからこそ、自分たちが培ってきたものを未来に残せるようにしたいと、多くの人たちに知ってもらいたいと思います。（談）

やがて風景になる　若き木工職人の成長記　岡山放送

白井大輔氏（岡山放送報道部記者）

番組（受賞作品）の舞台となったのは、岡山県の北東部、兵庫県と鳥取県境の西粟倉村。人口は一五〇〇人の小さな村で、村の面積の九五％は森林で、主な産業は林業。こんな村が二〇〇九年から取り組んでいるのが、森林バンクの先駆けと言える「百年の森林構想」です。今年がスタートしてちょうど一〇年の節目にあたります。弊社ではスタートした時から取材を始めましたが、私自身は六年前の二〇一三年に村を訪れました、「食育」ならぬ「木育」が始まった年で、その時に声をかけてくれたのが、番組の主人公となる木工房ようび代表の大島正幸さんでした。初対面でしたが「うちの工房に来ないか」と半ば強制的に連れて行かれたのを今でも覚えています。その時はまさか番組ができるとは思いませんでしたが、実際に工房に行ってみると、そこには本当にひたむきに木を磨き、完成した家具が愛おしいと話す若者たちの姿があったのです。

スギやヒノキを切り出すことで森が生まれ変わり、豊かな風景が生まれる－。それを彼らは「やがて風景になるものづくり」と呼び、その実現に向け、本気で勝負しています。これまでタブーとされてきたヒノキの家具を試行錯誤の末に見事、完成させました。それは本当に美しく、欲しいと思えるような家具を作り上げています。

二〇一六年一月に工房が全焼する火事に見舞われました。その中にあっても代表の大島さんは「この場所で必ず再建する」と言ってくれました。火事は〝ようび〟の全てを燃やしたわけではありません。この一〇年間、彼らは〝ものづくり〟と同時に、〝ひとづくり〟も行ってきました。人と人とのつながりは燃えないどころか、より強固なものとなり、新しい工房が完成したのだと思います。

番組の最後に、大島さんが話してくれたのは、「〝風景〟は必ず作れる」ということでした。その言葉を私は信じて、その〝風景〟を見届けるまで、これからも取材をつづけていきたいと思います。（談）

ETV特集　カキと森と長靴と

横山友彦氏（NHKディレクター）

現在、NHKの番組、プロフェッショナル「仕事の流儀」のプロデューサーをしていますが、今回の受賞作品は一年前まで五年間、仙台放送局にいた時に制作させていただいたものです。皆さんご存知かと思いますが、畠山重篤さんは「森は海の恋人」という運動を提唱された方で、震災から七年の年月を追いかけた番組になっています。今一般的にテレビは（画面上の）テロップだったり、ものすごく多くの説明が入るが、今回の番組はテロップも殆んど使わないし、そもそもテーマは何なのかも言わないままの五九分。かなり不思議な内容の、見る人に委ねた番組であり、これが視聴者に伝わるのか、とすごくドキドキしながら放映しましたが、結果としてそのほうが視聴者の方からこれはどういう意味なのだろうか、我々が思ってもみなかったことをこの番組から得られました。

畠山さんは大変意欲的な方で、自然循環を通して描きたかったことは、「人は生かされている。人は大きな自然の前にはすごく小さなもので、そこからいろんなものを実感する」と、敢えてコメントをいただきました。私自身も気づきの多い番組で、畠山さんは以前、プロフェッショナルの番組で、あなたにとってプロフェッショナルとは、との質問で終わりますが、大抵は「仕事を続けること」などと言われる人が多い中で、畠山さんは「生きぬくことだよ」と一言いわれました。それがあの取材を通して本当に分かったのです。やはり人間にとってこの地球の中で生き、子孫を残すことは、すごく大きなものを捉えられた、自分にとってもためになる番組でした。（談）

イナカをツクル

嵩　和雄氏（NPO法人ふるさと回帰センター副事務局長）

受賞作品は元々日本農業新聞の連載コラムでした。一年余り、毎週六六回の企画でしたが、日本農業新聞の読者である農家、JA職員があまり知らない地方移住者も含めた地方の現状を見てもらおうと、連載を始めました。連載が終わった後、筒井先生のアドバイスで本にするにあたり、先生には監修者としてサポートいただきました。今、地方創生が始まって五年ほどになりますが、実は私自身も地方移住経験者で、二〇〇一年から九年間、熊本県の小国町というところで実際に田舎暮らしをし、東京に戻ってちょうど一〇年経ちましたが、この間、地方移住をめぐる状況は大きく変わりました。

地方移住そのものが非常に一般化したというか、地方自治体だけでなく、国の施策として本腰で取り組み出した。それでも地方は変わらない。その現状を伝えようと新聞連載から本にした際には、一般の人にも読んでほしいと思いました。今、地方に向かっている若い人たちは、本当に希望を持って、現地でわくわくした気分でいます。こうした現状を我々はこれからも作っていきたい。この本を通じて一人でも多くの人に地方の暮らしを紹介し、東京と地方が対等の関係を結べるようなものを作っていければと思います。やはり、今起こっていることへの対処だけでなく、次の世代に地域を繋げることを、今後頑張っていきたい。（談）

■選考委員■

青山　浩子（農業ジャーナリスト）
阿南　久（元消費者庁長官）
大江　正章（有・コモンズ代表）
小田切徳美（明治大学農学部教授）
甲斐　良治（一社・農山漁村文化協会編集局）
永井　進（株・永井農場代表）
合瀬　宏毅（ＮＨＫ解説主幹）

（敬称略　五十音順）

編集後記

▽…味噌、醤油、それに豆腐、納豆など毎日の食卓に欠かせないこれらの食材は、すべてが大豆由来の加工品です。最近、話題になっているのが「大豆ミート」です。そこで大豆ミートの勉強会に興味津々で出席。こちらの正体(?)も大豆。栄養成分はたんぱく質が主役。人気の秘密は健康志向やダイエット効果のよう。この日の夕食は「大豆のお肉のキーマカレー」と、「大豆のお肉」の唐揚げを食べる。インスタントのレトルト食品ながら、確かに肉の食感も充分あり、調理次第で牛肉、豚肉、鶏肉の役割をもって、食卓の主役も果たせそう。

▽…大豆ミートは、「フェイクミート」の呼び名があるらしい。直訳すれば「ニセモノの肉」となるが、その呼び方は気の毒。大豆加工食品のラインアップの主力に加え、大豆自給率回復の切り札になるか、大いに期待したいです。

▽…『動物たちの命と向き合う～獣医師の現在』。今号特集タイトルはいかがですか。幹事会でもスンナリと決定。日頃、肥育牛や養豚、養鶏など畜産農家取材の機会は多く、ペット病院の獣医は少ない。今回、この分野の専門家の獣医報告を加えました。大動物の獣医不足の一方、ペットブームの小動物獣医の現場の話は…、畜産とペット動物たちの命と向かう世界の報告になりました。必読です。

▽…連載の好企画『地方記者の眼』。今号は豚コレラの「今」を追い、時々刻々と変わる状況に、追記校正し、迫真の筆力です。

▽…各地報道機関の貴重な仕事。今年三四回目の『農業ジャーナリスト賞』が決まりました。(青)

日本農業の動き No.202
動物たちの命と向き合う
～獣医師の現在

定価は裏表紙に表示してあります（送料は実費）。

二〇一九年八月二八日発行©

発行 農政ジャーナリストの会
編集 会長 行友 弥
〒100-6826 東京都千代田区大手町一の三の一（JAビル）
電話 (03) 六二一六九-九七七二
FAX (03) 六二一六九-九七七三

販売 一般社団法人 農山漁村文化協会
〒107-8668 東京都港区赤坂七の六の一
電話 (03) 三五八五-一一四二
URL : http://www.ruralnet.or.jp/
振替 〇〇一二〇—三—一四四四七八

購読のお申込みは近くの書店か、直接発行・発売元へご連絡下さい。バックナンバーもご利用下さい。

PRINTED IN JAPAN 2019
ISBN978－4－540－19062－9 C0061

耕そう、大地と地域のみらい。

安全と安心を、すべての食卓に。JAグループは、生産者一人ひとりと共に、今日も進みつづけます。この国の豊かな大地と地域のくらしを、次の世代へ伝えるために。

JAグループ
耕そう、大地と地域のみらい。

安全と安心を、すべての食卓に。JAグループは、生産者一人ひとりと共に、今日も進みつづけます。この国の豊かな大地と地域のくらしを、次の世代へ伝えるために。

JAグループ